도그 시그널 : 아픈 강아지가 보내는 신호

DOG SIGNAL
도그 시그널 : 아픈 강아지가 보내는 신호
김나연 · 오다영 · 김정민 지음

들어가며

수의사는 항상 아픈 동물을 마주하는 직업입니다. 그러다 보니 위급한 상황, 긴장 상태 등을 시시각각 맞닥뜨리게 됩니다. 힘듦, 슬픔, 감동, 안도 등의 감정의 소용돌이 속에서, 건강한 마음을 가지고 수의사로서의 책임과 의무를 다하며 살아가려면 어느 정도는 무뎌져야 하지만 동시에 무뎌져서는 안 되며 날카롭게 깨어 있어야 합니다.

그래서 슬픔은 길게 가져가지 않되, 의미는 깊게 새기려고 노력합니다. 열 손가락 깨물어서 안 아픈 손가락 없듯이, 항상 연이 닿은 모든 동물들을 다 소중하게 생각합니다. 그런데도 특별히 깊은 기억을 남겨준 강아지가 있었습니다. 어느 날 응급하게 입원한 한 강아지였습니다.

어쩌면 그 강아지는 이 모든 것의 시작이었는지도 모르겠습니다. 그 어린 강아지는 포도를 먹고 급성신부전증상이 나타나 심각한 상태로 동물병원에 도착했습니다. 혼신을 다해 응급처치를 하고 안타까운 마음으로 지켜보았지만, 결국 얼마 버티지 못하고 세상을 떠나고 말았습니다. 아직 새끼였는데 너무나 급하게 떠난 생명 앞에서 꾹꾹 눌러가며 참고 있던 눈물이 결국 터지고 말았습니다. 수의사가 된 후, 아픈 동물을 마주할 때면 늘 마음이 아렸지만, 왠지 그때는 더욱 슬프고 안타까웠습니다. 포도를 먹지 않았더라면, 조금만 주의를 기울였다면 그 강아지는 죽지 않았을 것이기 때문입니다.

그날 이후, 그 강아지처럼 허망하게 떠나는 반려견이 없도록 올바른 정보를 널리 알려야겠다는 목표를 갖게 되었고, 이 뜻에 감사하게도 오다영 선생님, 김정민 선생님이 함께해주었습니다. 저희는 오랜 기간 보호자들에게 정확한 정보를 알기 쉽게 전달하고자 노력해왔습니다. 긴 기간에 걸친 노력의

결실이 이 책으로 맺어지게 되어 감사하게 생각합니다.

이 책은 그동안 반려견을 치료하고 보호자와 상담해오면서 '이것은 반드시 보호자가 알고 있어야 한다'고 생각한 것들을 정리한 것입니다. 반려견들이 자주 걸리는 질병과 보호자들이 자주 하는 질문들과 궁금해했던 점들을 중심으로 집필했습니다. 가능한 한 많은 수의 질병을 다루고, 질병에 대한 기본적인 정보를 보호자들도 쉽게 이해할 수 있도록 설명했고, 꼭 필요한 내용만 요약해서 실었습니다.

이 책은 보호자가, 반려견이 아프기 전에 미리미리 읽어두어야 합니다. 아프고 나서 이 책을 펼칠 때는 늦습니다. 반려견들은 아파도 아프다는 표현을 제대로 하지 못합니다. 따라서 반려견이 평소와 다른 모습을 보이지 않는지 살피면서, 반려견이 보내는 시그널을 잘 알아차려야 합니다. 반려견의 증상과 질병에 대한 내용을 숙지하고 있으면, 재빠르게 대처해서 병이 커지거나 불상사가 생기는 것을 막을 수 있습니다. 동물병원에 온 동물을 치료하는 건 수의사의 몫이지만, 아픈 동물을 동물병원에 데려오는 것은 보호자의 몫이자 역할입니다.

끝으로 사랑하는 가족, 보호자 입장에서 책의 내용에 대해 조언을 아끼지 않은 친구이자 흰둥이 언니 박지현, 그리고 저녁달 출판사에 다시 한 번 감사의 인사를 전합니다.

2019년 봄
대표저자 김나연

CONTENTS

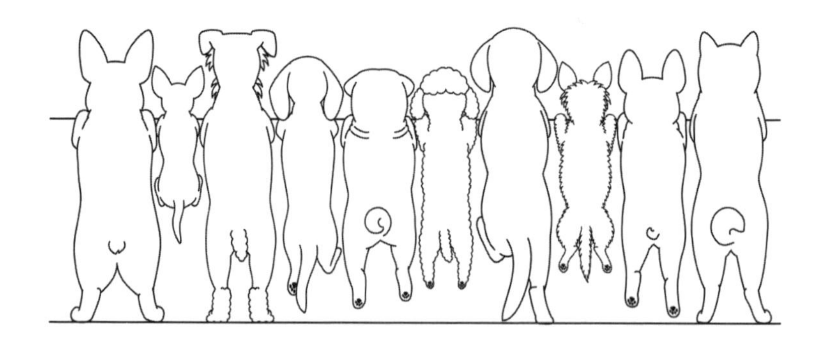

CHAPTER 1

개는 작은 사람이 아니다

중독

반려견이 절대 먹어서는 안 되는 것들

반려견을 키우다 보면 반려견이 먹으면 안 되는 것을 먹어서 한 번씩은 보호자들이 놀라곤 합니다. 특히 어린 강아지들은 호기심도 많고 장난기도 많기 때문에 좀더 주의 깊게 보살펴야 합니다. 그러면 반려견이 어떤 것들을 먹었을 때 위험한 것인지, 그리고 그때 발생할 수 있는 증상이 무엇인지 하나 하나 알아보겠습니다. 먹어서는 안 되는 것들을 실수로 삼키는 사고가 발생하면, 중독이 발생할 수 있습니다.

우리 강아지, 중독된 건가요?

다음은 중독을 의심할 수 있는 이상 증상들입니다. 갑작스럽게 증상을 보이는 경우가 많으며, 진행 속도가 매우 빠른 것이 특징입니다. 이런 증상을 보일 때, 보호자는 반려견의 약 복용량을 실수로 늘려서 준 건 아닌지, 사람이 먹는 약을 함부로 준 건 아닌지도 체크해보아야 합니다.

- 갑자기 토하고 구토물의 색이 이상한 것 같아요
- 갑자기 설사를 해요
- 의식이 없어요
- 발작을 해요
- 어지러워해요

- 혈변을 눠요
- 피가 섞인 구토를 해요
- 점막이 창백해요
- 피부에 반점이 생겼어요

반려견이 먹지 않도록 특히 주의하세요

1) 반려견이 먹으면 안 되는 음식

- 포도, 건포도, 포도를 함유하고 있는 시리얼이나 그래놀라바 등
- 양파나 파 같은 백합과 채소. 조리된 양파
- 초콜릿
- 커피 등 카페인이 함유된 음식
- 마카다미아 넛츠
- 아보카도
- 자일리톨
- 마늘

2) 인체용 의약품 일부

피임약, 해열진통제(타이레놀, 펜잘큐, 게보린, 판피린 등), 비스테로이드성소염제, 천식 흡입제, 정신과 처방약물 등을 먹지 않도록 주의하세요. 사람이 먹는 의약품은 반려견이 닿지 않는 곳에 보관하세요.

3) 동물용 의약품 일부

기생충 약을 부적절하게 사용하지 않아야 하며, 복용량을 초과하지 않아야 합니다.

4) 가정 내 생활 용품

자동차 부동액은 단맛이 나기 때문에, 맛이 있다고 여겨서 반려견이 먹을 위험이 있습니다. 우리나라에서는 발생하는 사례가 드물긴 하나, 털에 묻은 것을 핥아서 먹게 되는 경우도 발생합니다. 그밖에 소독제, 페인트, 목재 보호제, 각종 용매제 등을 조심해야 합니다.

5) 정원 관리 약품 일부

식물을 관리하는 중에 뿌린 제초제나 살균제가, 반려견의 물이나 사료에 들어가 오염을 유발할 수 있습니다. 정원관리를 하거나 청소를 하기 전에 주변에 반려견의 간식이나 사료가 떨어져 있진 않은지 확인하세요.

6) 해충이나 살서제

쥐를 잡기 위한 미끼나 해충을 잡으려고 이용하는 약물 등을 반려견이 먹는 경우도 있습니다. 이러한 위험 물질은 반려견이 닿지 않는 곳에 안전하게 보관해주세요.

증상이 있을 때 어떻게 해야 하나요?

반려견이 독성물질에 노출되었을 때 초기에 별 이상이 나타나지 않았다 하더라도, 나중에 상태가 악화될 가능성이 있습니다. 중독증상이 즉각적으로 나타나지 않고, 서서히 드러날 수 있기 때문입니다. 예를 들어, 에스트로겐이나 비스테로이드 항염증제 등의 독성물질의 경우, 부작용이 나중에 혹은 장기적으로 나타날 수 있습니다. 때문에 이상 증상이 없더라도 발견 직후 동물병원에 내원하여 관련 처치를 받아야 합니다.

우려가 되는 상황을 목격했다면 우선 반려견이 독성물질을 또다시 먹지 않도록, 추가적인 접촉을 막아야 합니다. 소다 등을 먹여서 가정에서 구토를 유발시키는 경우도 있는데 효과가 크지 않으며, 잘못하면 소다나 구토물이 기도로 넘어가서 폐렴에 걸릴 위험이 있습니다.

동물병원에서는 섭취한 지 얼마 지나지 않은 경우 구토 유발을 통해 독성물질을 뱉어내게 함으로써 효과를 볼 수도 있습니다. 다만 구토제로 돌이킬 수 있는 시간은 제한이 있으므로, 동물병원에 빨리 내원하시는 것이 좋습니다. 혹은 튜브를 이용해서 위세척을 진행할 수도 있습니다. 독성 성분을 흡착해줄 수 있는 흡수물질 등이 도움을 줄 수도 있습니다.

어떻게 치료하나요?

어떤 물질에 노출되었는지에 따라서 상태를 완화시키기 위한 방법에 차이가 있습니다.

증상이 경미하다면, 약물 처방과 관리를 통해 잘 회복될 수도 있습니다. 다만 처음에는 경미하게 보일지라도, 이후에 작용이 본격적으로 나타날 때 상태가 급격히 나빠질 수 있으니, 초기에 동물병원에 내원해야 하며, 이후에도 일정 기간은 재검을 받아야 합니다.

증상이 심하다면, 초기에 집중적으로 치료해서 장기의 손상을 최소화하는 데 집중해야 합니다. 약물 종류로 중독되었다면, 수의사는 해당 약물에 대한 해독제가 있는 경우 해독제를 처치합니다. 하지만 특정 해독제가 없는 경우가 대부분이기 때문에, 대개 증상의 유형과 심각성에 따라 치료를 진행하게 됩니다.

예를 들어, 호흡 곤란이 있는 경우, 기도 확보와 함께 충분한 산소공급을 해주어야 합니다. 상태가 위중한 경우, 지속적으로 환자의 상태를 확인하면서 모니터링을 해야 하고, 치료기간 동안에는 특히 간 및 신장 관련 검사, 전해질 검사 등을 진행해서 장기의 손상 여부를 확인해야 합니다.

반려견을 사랑한다고, 우리가 먹는 음식을 나누어주는 것으로 표현하는 것은 위험성이 있습니다. 그보다는 반려견이 유해한 환경에 노출되지 않도록, 주변을 정리하고 늘 주의를 기울이는 것이 더 중요합니다. 강아지를 작은 사람인 것처럼 대하면 안 되지만, 아이를 돌보듯 매사에 조심하는 마음가짐은 같은 듯합니다.

DOG SIGNAL 119

반려견이 중독을 일으키는 물질을 섭취했거나 이상 증세를 보일 경우 바로 동물병원으로 내원하여 빠른 처치를 받아야 합니다. 중독 물질로 인해 장기가 비가역적으로 손상되면, 장기간 힘든 치료를 받아야 합니다. 무엇보다 반려견에게 중독을 유발할 만한 물질이 돌아다니지 않도록 하여 예방하는 것이 우선입니다.

포도

신장이 심하게 나빠져요

반려견이 포도를 먹으면 몸에 즉각적인 반응이 나타납니다. 특히 신장기능 이상이 생겨 오줌이 나오지 않을 수 있어요. 반려견의 신장손상을 유발할 수 있는 포도의 양은 몸무게 1kg당 32g, 건포도는 11~30g 정도라는 보고가 있으나, 반려견 별로 차이가 큽니다. 참고로 거봉 한 알의 무게는 약 10~12g입니다. 어떤 반려견은 포도 한 알만 섭취해도 신장이 심하게 손상되기 때문에 절대로 포도를 주면 안 됩니다.

우리 강아지, 포도 때문에 아픈 걸까요?

- 갑자기 설사를 해요
- 구토를 해요
- 힘이 없어 보여요
- 잘 먹지 않아요
- 배를 누르면 아파해요
- 과도하게 물을 많이 먹어요
- 몸을 떨어요
- 오줌을 안 싸요

대부분 포도로 인해 아픈 반려견들은 포도를 먹은 지 6~12시간 이내에 구토 또는 설사를 보입니다. 오줌의 양이 감소하거나 오줌이 생성되지 않는 증상을 보이는 신장기능부전은 포도를 먹은 지 24~72시간 내에 나타납니다. 신부전이 발생하면, 신장이 기능을 잃어 체내에 노폐물의 농도가 높아지고 수분배출이 원활하지 않아 여러 합병증을 유발할 수 있고, 심각한 경우 사망에 이르게 됩니다.

포도가 왜 위험해요?

포도가 위험한 이유는 급성신장손상을 유발시키기 때문입니다. 신장은 한번 손상되면 회복되기 어려운 장기입니다. 반려견이 포도를 먹으면, 72시간 이내에 오줌이 생성되지 않는 급성신부전을 보일 수 있습니다. 정확한 용량과 반응 관계는 밝혀져 있지 않지만, 보고서에 따르면, 포도알 4~5개로도 8kg 정도의 반려견이 사망한 사례가 있습니다.

어떻게 치료하나요?

포도를 먹은 지 15~20분 이내

구토를 유도해, 최대한 몸 밖으로 포도를 꺼내야 합니다. 집에서 무리해서 구토를 시키다가 포도가 기도로 넘어가면 폐렴이 발생할 수 있습니다. 수의사의 도움을 받도록 근처 동물병원에 내원하는 것이 좋습니다.

포도를 매우 많은 양을 먹었거나 구토 또는 설사를 보인다면

오줌으로 배설량을 증가시키기 위해서, 동물병원에 입원하여 공격적인 수액처치를 진행하는 것이 좋습니다. 수액처치를 하는 경우, 신장기능과 체액균형에 대한 모니터링이 함께 진행됩니다.

오줌의 양이 적거나 아예 생산이 되지 않는다면

입원치료를 해야 합니다. 오줌 생산을 자극하기 위한 약물처치가 필요합니다. 급성으로 신장 문제가 발생하는 경우 빠른 치료로 호전되기도 하지만, 상태가 악화되면 투석을 하지 않는 한 생존하기 어려우며, 예후는 좋지 않습니다.

DOG SIGNAL 119

포도는 갑작스러운 신장기능 저하를 유발하기 때문에 절대 주면 안 됩니다. 또한 포도나 포도껍질을 반려견이 접근할 수 있는 곳에 두지 않도록 주의해주세요. 먹는 것을 발견하면 즉시 더 먹지 못하게 막고, 빨리 동물병원으로 가야 합니다.

초콜릿

심장에 무리를 줄 수 있어요

사람에게 달콤한 초콜릿은 기분 좋은 에너지 역할을 하지만, 반려견에겐 생명을 위협할 정도로 치명적인 위험물질입니다. 초콜릿은 심장부정맥과 중추신경계 기능 이상 등을 유발할 수 있기 때문입니다. 먹을 것이라면 무엇이든지 잘 먹는 성격이거나 반려견이 초콜릿에 접근하기 쉬운 환경이라면 발생 위험이 훨씬 높아집니다.

우리 강아지, 초콜릿 중독일까요?

- 안절부절 못해요
- 숨을 헐떡여요
- 심장이 너무 빨리 뛰어요
- 발작을 일으켜요
- 예민하게 반응해요

초콜릿을 먹는 것을 보았거나, 초콜릿을 먹은 것으로 의심되는 상황에서, 이러한 증상이 나타나고, 검사 결과가 이를 뒷받침하면 초콜릿 독성으로 봅니다. 그밖에 암페타민, 슈도에페드린, 코카인, 마황, 항히스타민제, 항우울제 등을 강아지가 먹은 경우에도 비슷한 증상을 보일 수 있으므로 이에 노출된 일은 없었는지 보호자가 확인해보아야 합니다.

초콜릿의 어떤 성분이 문제인가요?

진하고 쓴 초콜릿일수록 위험합니다. 초콜릿은 테오브로마 카카오의 로스팅된 씨앗으로 만들어지는데, 반려견에게 독성을 유발하는 이유는, 그 안에 포함된메틸크산틴테오브로민(테오브로민)과 카페인 성분 때문입니다.

초콜릿은 이뇨작용을 일으키며 심장을 자극합니다. 반려견은 사람만큼이 두 성분을 대사시키지 못해, 이뇨작용이 과도하게 일어나면서 치명적인 독성반응이 나타나는 것입니다.

초콜릿 얼마나 먹었을 때 문제가 생기나요?

카페인과 테오브로민 모두 반려견의 몸무게 1kg당 100~200mg을 먹었을 때 사망에 이릅니다. 다만 반려견마다 민감한 정도는 달라서, 어떤 반려견은 매우 적은 양에도 심각한 증상이 나타나 사망에 이를 수 있습니다.

초콜릿으로 인한 이상 증상은 빠르면 먹은 지 30분 무렵부터 시작하며, 대개 6~12시간 이내에 나타납니다. 초기에는 갈증, 구토, 설사, 복부팽창, 불안증을 보일 수 있습니다. 신경계 이상으로는 과도한 흥분, 경직, 떨림, 발작, 운동 불능 등이 확인될 수 있습니다. 초콜릿 중독이 심한 경우, 정상보다 빠르거나 느린 심장박동, 조기 심실수축, 빠른 호흡, 고혈압 또는 저혈압, 고체온증, 청색증, 실신 등을 보일 수 있습니다. 다음은 초콜릿의 테오브로민 양에 따라 나타날 수 있는 증상입니다.

테오브로민 섭취량	증상
20mg/kg	경미한 증상(구토, 설사, 갈증)
40~50mg/kg	심장 독성
60mg/kg 이상	발작

어떻게 치료하나요?

초콜릿으로 인해 사망에 이르는 경우는 대부분 고체온증, 심장박동의 이상 또는 호흡이 잘 되지 않는 것이 그 원인입니다. 초콜릿을 먹어서 증상이 나타난다면, 동물병원에 내원하여 빠른 응급 처치를 받아 상태를 안정시켜야 합니다.

먹은 지 얼마 되지 않아서, 증상을 보이기 전에 동물병원에 도착한 경우라면, 초콜릿을 최대한 빼주어야 합니다. 초콜릿을 먹은 뒤 소요된 시간이나, 환자의 상태에 따라서, 구토제 또는 위세척 등을 실시합니다. 테오브로민은 장에서 간으로 순환되므로, 이를 흡착시켜주는 성분을 주기도 합니다. 한편 테오브로민은 방광에서 몸으로 다시 재흡수될 수 있습니다. 따라서 오줌을 빨리 몸 밖으로 배출시켜주어야 합니다. 심각한 상황의 경우 임상증상이 72시간까지도 지속되기 때문에 일정 기간 동안 주의 깊은 모니터링이 필요합니다.

DOG SIGNAL 119

초콜릿의 테오브로민이라는 성분은 반려견에게 위험합니다. 초콜릿마다 테오브로민 함량에 차이가 있으며, 일반적으로 다크초콜릿일수록 테오브로민 함량이 보다 높습니다. 반려견에 따라서 적은 양에도 신경증상을 보일 수 있으므로, 최대한 신속하게 동물병원에 내원하는 것이 필요합니다. 반려견의 상태나 초콜릿을 섭취 후 경과 시간에 따라 필요한 처치가 달라지며, 일정 기간 동안 주의 깊은 모니터링을 요합니다.

아세트아미노펜 독성

사람이 먹는 타이레놀? 절대 안 돼요

아세트아미노펜은 '타이레놀'로 잘 알려진 효과가 좋은 진통제이자 해열제 성분입니다. 반려견이 열이 나거나 상처 감염이 있을 때, '사람이 먹는 약도 괜찮겠지?' 하며 생각없이 함부로 약을 먹이면 위험한 상황을 만들게 됩니다. 심각한 경우에는 2~5일 내에 사망하게 됩니다.

우리 강아지, 아세트아미노펜 독성일까요?

반려견이 아세트아미노펜을 먹은 지 1~4시간 정도가 지나면, 다음과 같은 증상이 나타납니다.

- 얼굴과 발이 부어요
- 침을 흘려요
- 구토를 해요
- 배를 누르면 아파해요
- 피가 섞인 오줌을 싸요
- 어두운 색의 소변을 봐요
- 기력이 없어 축 늘어져 있어요

아세트아미노펜이 위험한 이유?

반려견이 먹은 아세트아미노펜은, 간에서 2가지 경로로 대사가 됩니다. 주된 대사 경로는 독성물질을 생산하지 않아 위험하지 않지만, 다른 대사경로는 대사과정에서 독성물질을 생산하게 됩니다. 고용량을 먹었을 경우, 주된 대사경로가 포화상태가 되어 독성물질을 생산하는 대사과정이 늘어나게 됩니다.

또한 아세트아미노펜은 간세포막의 지방에 결합하여 간 괴사를 유발하거나, 적혈구의 산화적 손상을 유발하여 혈액 내 산소운반을 방해합니다. 일반적으로 반려견에서 독성을 일으키는 용량은 100~200mg/kg 이상이지만, 반려견의 특성이나 건강 상태에 따라 달라질 수 있습니다. (참고로, 일반 타이레놀 1정의 아세트아미노펜 용량은 500mg입니다.)

100mg/kg	간 독성
200mg/kg	적혈구의 산화적 손상

어떻게 치료하나요?

집에서 민간요법으로 초기에 대처할 경우, 상태를 더욱 악화시킬 수 있으므로, 동물병원에 내원하여 수의사의 도움을 꼭 받으시길 바랍니다.

구토유발제

아세트아미노펜을 먹은 후 얼마 안 되어 동물병원에 왔다면, 그것이 소화되기 전에 구토를 유발하여 빼내는 것이 우선입니다.

약물처치

환자의 상태에 따라 필요한 약물을 처방하는데 추가적으로 수액주사, 산소 공급 등의 처치를 합니다. 적혈구 손상으로 인해 빈혈이 심한 경우, 수혈까지도 진행할 수 있습니다.

DOG SIGNAL 119

아세트아미노펜은 반려견에서는 심한 독성을 나타낼 수 있으므로 반려견이 접근할 수 없는 곳에 약을 보관해야 합니다. 반려견이 아세트아미노펜 성분이 포함된 약을 먹었다고 의심이 된다면, 임상증상을 나타내기 전에 동물병원에 가서 바로 진료를 받으세요. 이미 독성을 나타낼 경우, 상태에 따라 치료가 길어질 수도 있으며 영구적인 간 손상이 유발될 수 있습니다.

자일리톨

절대 씹으면 안 되는 껌

핀란드에서 발견한, 충치의 원인이 되는 산을 형성하지 않는 천연소재의 감미료인 자일리톨은 사람의 구강 건강에 아주 좋은 성분으로 알려져 있습니다. 이 때문에 식탁 위에 혹은 자동차 안에 자일리톨 껌이나 사탕을 구비해 놓는 사람들이 많습니다. 하지만 집에 반려견이 있다면 자일리톨 보관에 특별히 주의해야 하는데요. 자일리톨이 반려견에게는 치명적인 독성을 가지고 있기 때문입니다.

자일리톨이 왜 반려견에게 위험한가요?

달달한 음식을 먹든, 싱거운 음식을 먹든 우리 몸 안의 혈당은 늘 일정하게 유지됩니다. 이렇게 혈당이 유지될 수 있는 것은 췌장이라는 장기에서 나오는 호르몬 때문입니다. 특히 '인슐린'이라는 호르몬은 혈당을 낮추는 중요한 역할을 하고 있어요. 바로 이 인슐린이 자일리톨의 독성과 관련성이 있습니다.

반려견이 자일리톨을 먹으면, 자일리톨이 빠른 속도로 췌장에서 인슐린을 분비하도록 자극합니다. 이렇게 과도하게 인슐린이 분비되면서 일정하게 유지되어야 할 혈당이 오히려 낮아지게 되고, 이로 인해 저혈당이 유발됩니다. 저혈당이 생길 경우 다음과 같은 증상을 보일 수 있습니다.

- 기력저하
- 구토
- 제대로 걷지 못함
- 발작
- 기절

자일리톨을 많이 먹었을 경우 간기능을 상실하는 간부전이 유발될 수도 있습니다.

자일리톨을 얼마나 먹었을 때 문제가 생기나요?

자일리톨은 반려견이 1kg당 75~100mg 이상을 섭취했을 때 저혈당을 유발합니다. 만약 반려견이 5kg이라면 375~500mg 이상의 자일리톨을 먹었을 때 저혈당이 유발되는 것이죠. 자일리톨의 섭취량이 많을수록 위험성은 더욱 증가하게 되며 1kg당 500mg 이상을 섭취했을 때에는 간부전이 유발될 가능성이 높아집니다. 따라서 반려견이 자일리톨을 먹었다면 먹은 껌 혹은 사탕의 종류와 양을 수의사에게 알려주는 것이 큰 도움이 됩니다.

어떻게 치료하나요?

반려견이 자일리톨을 먹었다면, 근처 동물병원으로 바로 데려가 응급처치를 받아야 합니다. 자일리톨은 빠른 속도로 저혈당을 유발하므로, 최대한 빨리 처치를 받도록 해야 합니다.

자일리톨을 먹은 지 얼마 되지 않았다면 구토를 유발시켜 즉시 섭취한 물질을 뱉도록 하는 처치를 받게 됩니다. 만약 이미 자일리톨이 위장관으로 내려가 체내에 흡수되고 있다면, 앞으로 생길 저혈당 및 임상증상을 지속적으로 체크하기 위해 입원이 필요합니다. 자일리톨 섭취 후 빠르면 30분 내에 저혈당이 유발되지만 늦게는 18시간 뒤에 저혈당이 나타나기도 하므로, 지속적인 모니터링을 통해 반려견의 상태를 지켜보아야 합니다. 자일리톨을 많이 섭취하여 간부전이 생겼다면 회복하기 힘들 수 있습니다.

 **DOG SIGNAL 119**

자일리톨은 반려견에게 저혈당을 유발하는 독성 물질입니다. 집 안에 자일리톨 성분이 든 껌이나 사탕이 있다면 반려견이 접근할 수 없는 곳에 두는 것이 안전합니다. 만약 반려견이 자일리톨을 섭취했다면 그 즉시 동물병원에 데려가 응급처치를 꼭 받아야 합니다.

CHAPTER 2
감염

파보 바이러스

어린 강아지가 피똥을 싸요

어린 강아지들은 면역력이 약해 여러 질병에 걸리기 쉽습니다. 따라서 예방접종이 매우 중요한데요. 강아지가 맞아야 하는 예방접종 중 가장 중요한 것은, 강아지 5종 종합백신, 즉 DHPPL로, 강아지 홍역, 전염성 감염 등을 예방해줍니다. 여기서 P가 바로 파보 바이러스*parvovirus*를 뜻합니다. DHPPL백신을 접종하면 이 바이러스의 감염을 막을 수 있습니다.

파보 바이러스란?

파보 바이러스는 개와 고양이에게 감염이 되는 전염성이 매우 높은 바이러스입니다. 바이러스가 존재하는 변, 혹은 그러한 흙이나 변을 만진 사람의 손으로 인해 간접적으로 개에게 감염될 수 있습니다.

우리 강아지, 파보 바이러스 감염일까요?

- 혈액이 많이 섞인 설사를 심하게 해요
- 강아지가 기운이 없어요
- 밥을 잘 먹지 않아요
- 열이 나요
- 구토를 해요

파보 바이러스는 주로 면역력이 덜 발달한 어린 강아지가 잘 걸리며, 성견이 되어서 감염되었을 경우에는 80% 이상이 증상 없이 지나갑니다. 따라서 반려견이 어릴 때 감염에 더욱 조심해야 합니다.

파보 바이러스 감염은 크게, 장에 감염된 경우와 심장에 감염된 경우, 2가지로 나누며, 장에 감염되어 설사를 일으키는 경우가 가장 흔합니다. 이때는 단순한 설사가 아닌 혈액이 섞인 심한 설사를 하며, 증상이 계속되면 탈수가 생깁니다.

드물지만 파보 바이러스가 심장에 감염된 경우에는 급사할 수 있습니다. 2개월 이하의 어린 강아지 혹은 태아의 심장을 바이러스가 공격하여 갑자기 죽는 경우도 있습니다.

어떻게 치료하나요?

바이러스 자체를 직접 무찌르는 방법은 없습니다. 증상을 완화시켜주는 대증치료를 하는 것이 최선입니다. 입원해서 수액처치, 영양공급 등을 받아야 하며, 치료기간 동안 강아지가 바이러스와 잘 싸워줘야 감염을 이겨낼 수 있습니다. 어린 강아지는 면역력이 약하기 때문에 어릴수록 낫기 어렵습니다.

DOG SIGNAL 119

가장 중요한 것은 예방입니다. 예방접종을 잘 해준다면 강아지가 파보 바이러스에 감염될 가능성이 낮아지며 혹시 걸리더라도 잘 낫습니다. 파보 바이러스는 감염된 강아지의 변에 직접적으로 또는 사람의 손이나 물건으로 간접적으로 쉽게 전파되므로, 반려견을 여러 마리 키우는 경우, 감염된 강아지는 반드시 격리해주어야 합니다.

켄넬 코프

전염성이 강한 기관기관지염

켄넬 코프*Kennel cough*라고 불리는 급성 기관기관지염은 반려견에게 흔한 호흡기 질병입니다. 참고로 기관과 기관지는 폐 속의 공기가 지나가는 길을 말합니다. 켄넬 코프는 전염성이 매우 강하며 켄넬 코프에 걸린 반려견이 기침이나 재채기를 할 때 주위에 있는 반려견에게 전염되기 쉽습니다.

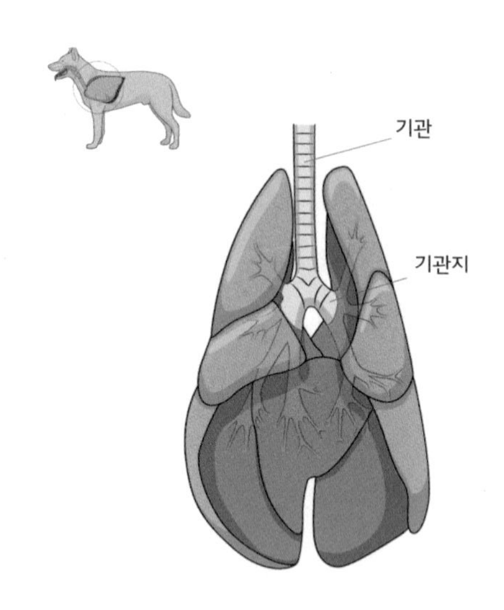

우리 강아지, 켄넬 코프일까요?

- 구역질을 할 때까지 기침을 해요
- 거품이 섞인 가래가 나와요

🐾 콧물이 나고 눈곱이 껴요

🐾 쉽게 지치고 밥을 잘 안 먹어요

켄넬 코프에 걸린 반려견은 최근 2~10일 이내에 도그쇼, 퍼피클래스, 산책 모임 등에서 다른 반려견과 만난 적이 있는 경우가 흔합니다.

켄넬 코프에 걸리면 기침을 심하게 하게 되는데요. 기관지가 민감해지기 때문에 기침을 할 때 몸을 심하게 떨며, 기침 소리의 톤도 매우 높습니다. 반려견이 흥분하면 기침은 더욱 심해질 수 있습니다. 심한 경우 구역질이 날 때까지 기침을 하는데 거품이 섞인 가래가 보일 때도 있습니다.

대부분의 반려견은 켄넬 코프에 걸려도 활발하게 지내며 밥도 잘 먹습니다. 하지만 심하게 걸리면 쉽게 피곤해하고 식욕이 떨어질 수 있으며 콧물과 눈곱이 생길 수도 있습니다. 심각한 경우 폐렴으로 이어질 수 있는데 폐렴은 생명을 위협할 수 있으므로 심한 기침을 비롯한 호흡기증상이 있다면 동물병원에 데려가야 합니다.

발병 원인

켄넬 코프는 세균과 바이러스에 감염되어서 걸리게 됩니다. 대표적인 세균으로 보르데텔라 기관지 패혈증균이 있고 바이러스로는 파라인플루엔자 바이러스, 아데노바이러스-1이 있습니다.

어떻게 치료하나요?

반려견이 기침은 조금 하지만 활력과 식욕이 좋다면, 편안하게 쉬게 해주면 나을 수도 있습니다. 그러나 기침이 경미하지만 컨디션이 안 좋거나, 기침이 심한 경우 또는, 1~2주가 지나도 낫지 않는 경우에는 동물병원에 가서 진료를 받아야 합니다. 반려견이 기침을 계속 한다면 공기가 지나가는 기관과 기관지에 염증이 심해져 만성질환이 되기 때문입니다. 상태가 악화되어 폐렴까지 간 경우에는 집중적인 치료가 필요합니다. 폐렴에 걸리면 사망에 이를 수도 있기 때문에 주의해야 합니다.

예방 방법

켄넬 코프는 예방이 최선입니다. 예방을 위해서는 주기적인 백신접종을 해주어야 하며, 감염된 강아지와는 접촉하지 않도록 분리합니다. 또한 환기를 잘 해주는 것도 도움이 됩니다.

켄넬 코프 백신은 효과가 좋은 편이지만 백신을 접종했다고 무조건 감염되지 않는 것은 아닙니다. 백신접종한 반려견에게서도 켄넬 코프 증상이 확인될 수 있으니 반려견이 호흡기증상을 보이는지 주의를 기울이는 것이 필요합니다.

DOG SIGNAL 119

가장 중요한 것은 예방입니다. 반려견이 콧물과 눈곱 또는 기침이 심해진다면 수의사에게 진료를 받아야 합니다. 켄넬코프가 악화되어 폐렴으로 진행되는 경우 치료가 쉽지 않습니다.

인플루엔자 바이러스

강아지 독감

반려견이 개 인플루엔자 바이러스에 감염되면 독감에 걸린 것처럼 열이 나고 기침, 콧물과 같은 호흡기증상을 갑자기 보일 수 있습니다. 우리가 독감 주사를 미리 맞아 독감을 예방하듯 반려견도 백신을 통해 인플루엔자 감염증을 미리 예방할 수 있습니다.

우리 강아지, 인플루엔자 바이러스에 감염된 걸까요?

- 계속 기침을 해요
- 몸이 뜨거워요
- 콧물이 많이 나와요
- 밥을 잘 안 먹어요

이외에도 활력이 떨어지고 눈곱이 끼는 증상을 보이기도 합니다. 인플루엔자 바이러스에 감염이 되면 면역력이 떨어져서 세균에도 쉽게 감염될 수 있습니다. 세균에 감염되면 폐렴으로 진행될 수 있으므로 주의해야 합니다. 때로는 증상이 없거나 매우 약할 때에도 바이러스는 계속 배출되기 때문에 다른 반려견과 접촉했을 때 전염될 수 있습니다. 정확한 감염 여부 확인을 위해서는 동물병원에서 검사를 받아야 합니다.

감염 원인

인플루엔자 바이러스에 감염된 반려견이 기침을 하거나 재채기를 할 때 바이러스가 배출되어 다른 반려견을 감염시킬 수 있습니다. 인플루엔자 바이러스는 최대 48시간 동안 물건에 묻은 채로 살아 있습니다. 따라서 직접적으로 감염된 반려견과 접촉하지 않아도 감염된 반려견이 먹은 사료나 물, 사용한 넥칼라 또는 이 반려견을 만진 사람을 통해서 간접적으로 다른 반려견에게 전염이 될 수 있습니다. 다행히 개 인플루엔자 바이러스가 사람에게 독감을 일으키지는 않는 것으로 알려져 있습니다.

감염은 연령, 종, 성별에 관계없이 바이러스에 노출되어 있다면 어느 반려견에서도 일어날 수 있습니다.

예방 방법

인플루엔자 바이러스 감염은 백신접종을 통해 예방이 가능합니다. 백신접종을 한 반려견들은 인플루엔자에 걸렸을 때 증상이 나타나지 않거나 약하게 나타납니다. 보강접종은 보통 1년에 한번씩 진행하며 인플루엔자 유행시기에 따라 보강접종 간격은 조절될 수 있습니다.

DOG SIGNAL 119

인플루엔자 바이러스는 전파가 매우 빠르게 진행됩니다. 반려견이 인플루엔자 바이러스에 감염되었을 경우 증상을 완화시키기 위한 대증치료가 필요하며 회복까지는 보통 몇 주의 시간이 소요됩니다. 2차적으로 세균감염이 이루어지고 폐렴에 걸려 증상이 심해진다면 생명까지 위협받을 수 있습니다. 따라서 백신접종을 통해 예방하고 이상 증상이 있을 땐 조속히 진료를 받는 것이 현명한 방법입니다.

디스템퍼

치명적인 호흡기계 신경계 질병

디스템퍼는 바이러스에 의해 발생하는 전염성이 높은 질병으로, 호흡기계와 신경계에 문제를 일으키는 치명적인 질병입니다. 전 세계적으로 개가 사망하는 주요원인이며, 백신을 접종하지 않은 개는 매우 위험합니다. 또한 감염경로와 숙주가 다양하며, 뚜렷한 치료법도 없기 때문에 백신을 통한 예방이 가장 중요합니다.

우리 강아지, 디스템퍼일까요?

디스템퍼는 주로 백신접종을 하지 않은 생후 3~4개월된 반려견에게 잘 생깁니다. 신경계에 감염된 경우 디스템퍼 바이러스가 큰 손상을 남겨 신경계 증상은 평생 남아 있게 됩니다. 흔한 증상들은 다음과 같습니다.

- 열이 나요
- 누런 눈곱이 끼고 콧물이 나요
- 계속 기침을 해요
- 기력이 없어요
- 자꾸 구토를 해요
- 한 자리에서 뱅글뱅글 돌아요
- 틱처럼 몸 근육이 일정하게 움찔거려요

- 무언가를 씹는 행동을 계속 하고 과도하게 침을 흘려요
- 발작을 해요
- 몸에 마비가 와요

발병 원인

디스템퍼 바이러스는 주로 공기를 통해 이동합니다. 디스템퍼에 감염된 반려견이 기침을 하거나 재채기를 할 때 공기 중으로 바이러스가 배출되는 것이죠. 보통 감염된 강아지는 수개월 동안 디스템퍼 바이러스를 배출하는데, 다른 강아지가 공기 중에 있는 디스템퍼 바이러스를 마시면서 전염됩니다. 또한 어미견이 디스템퍼 바이러스에 감염되면 태반을 통해 태아에게 전염될 수 있습니다.

디스템퍼 바이러스는 신경계 문제를 일으키고, 주로 면역력이 약한 개나 어린 강아지에게서 증상이 시작됩니다. 초기에는 호흡기계 림프조직에서 증식하므로, 맑거나 약간 누런 콧물, 눈곱을 보일 수 있으며, 마른 기침을 하기도 합니다. 바이러스가 퍼져 나가면서 반려견은 기운이 없거나, 밥을 잘 먹지 않는 일반적인 증상도 함께 보일 수 있습니다. 시간이 경과하면서 마비, 발작 등의 신경증상이 나타나는 편입니다.

집에서 어떻게 해주면 좋을까요?

우선 함께 사는 반려견 중에 아직 백신을 완료하지 않은 어린 강아지가 있다면 디스템퍼에 걸린 반려견과 반드시 격리해야 합니다. 디스템퍼는 공기 중으로 전염되기 때문에 사는 공간 자체를 분리해야 해요. 가정에서는 완전히 격리하는 것이 어렵기에 디스템퍼에 걸린 반려견을 격리 입원실이 있는

동물병원에 입원시켜 치료를 해주는 것이 안전합니다. 치료기간 동안 호흡기증상 완화를 위해 부드러운 천이나 거즈로 나오는 콧물을 잘 닦아주고 주변이 너무 건조하지 않도록 가습기를 틀어주세요.

DOG SIGNAL 119

디스템퍼는 사망할 확률이 높고 뚜렷한 치료법이 없는 질병인 만큼 백신접종을 통해 예방해야 합니다. 디스템퍼 바이러스는 주로 공기를 통해 전파되므로 백신접종을 맞지 못한, 생후 3~4개월 이전의 새끼라면 반려견들이 많이 모이는 장소는 가지 않는 것이 좋습니다. 치명적인 질병이지만, 백신의 예방 효과가 좋기 때문에 반드시 예방접종을 해야 합니다.

광견병

사람에게도 옮기는 법정 전염병

광견병은 반려견에게 매우 위험한 질병이며 사람도 걸리면 사망에 이를 수 있어 보건상 중요한 질병입니다. 광견병은 '법정 전염병'이므로 발생시 국가기관에 반드시 알려야 합니다. 현재 우리나라는 북부 지역에서 드물게 발생하며, 세계보건기구에 따르면 우리나라는 광견병 발생 지역으로 분류되어 있습니다.

우리 강아지, 광견병일까요?

- 평소와 달리 너무 흥분해요
- 불안해 보여요
- 갑자기 소리에 과민하게 반응해요
- 평소에 하지 않던 행동을 해요

반려견이 광견병에 걸리면 불안해 보이거나 흥분하는 등 평소와 다른 이상 행동을 보입니다. 보호자에게 갑자기 너무 친밀하게 대하거나 혹은 너무 멀리하는 행동변화가 나타나기도 합니다. 광견병이 진행될 경우 자꾸 이것저것 물며 먹지 않던 것을 삼키기도 합니다. 짖는 소리에 과한 반응을 보일 수도 있습니다. 병이 진행된 이후에 마지막 단계인 마비를 보이면 100% 사망에 이르게 됩니다.

광견병인지 아닌지 확인하기 위해서는, 야생 너구리나 광견병이 걸린 개에게 물렸는지 여부를 먼저 알아야 합니다. 산책을 전혀 하지 않고 집에만 있는 반려견이라면 광견병에 걸릴 가능성이 거의 없습니다.

또한 경상도 전라도 등 우리나라 남쪽 지방은 현재까지 역학 조사에 의하면 발생지역이 아니기에 발생 가능성이 낮습니다. 하지만 만약의 위험을 대비하기 위해 광견병 예방접종을 하는 것은 나를 위해서도 다른 사람의 안전을 위해서도 꼭 필요합니다.

감염 원인

광견병 바이러스는 침샘에서 대량으로 늘어나 침을 통해 배출됩니다. 따라서 광견병에 걸린 동물에게 물려 전염이 되고, 사람도 광견병에 걸릴 수 있으므로 반드시 주의해야 합니다. 대개 산책이나 등산을 하다 광견병에 걸린 너구리와 같은 야생동물에게 물려서 전염되는 경우가 많습니다. 반려견의 경우 호기심이 많은 어린 강아지에게 상대적으로 많이 발생하는 편입니다.

광견병 바이러스의 진행 경로는?

광견병 바이러스는 시간당 3mm 정도 속도로 신경을 따라 뇌와 척수까지 깊숙이 침입합니다. 따라서 광견병에 걸린 동물이 문 위치에 따라서 증상이 나타나는 속도가 다를 수 있습니다. 뇌와 척수에서 먼 부분인, 발을 물리는 경우 좀 더 시간이 지난 뒤에 증상이 나타납니다. 반대로 머리 쪽을 물린 경우에는 증상이 빨리 나타납니다.

어떻게 치료하나요?

백신이 효과적이기 때문에 백신을 맞았다면 다행이지만, 백신접종을 하지 않은 경우에는 치료가 어렵습니다. 개의 경우 공격성을 보이고 사람을 물면 사람 역시 높은 확률로 감염되어 사망에 이르는 치명적인 질병이므로, 반려견이 과거에 백신접종을 하지 않았다면 안타깝게도 안락사를 해야 할 수 있습니다. 수의사도 진료를 보다가 광견병에 걸린 개에게 물리면 감염될 수 있습니다. 특히 경기, 강원 지역 야생너구리에서 광견병 항체가 지속적으로 나타나는 만큼 산책 중 야생동물에게 물리거나 할큄을 당한 적이 있다면 반드시 미리 알려야 합니다.

예방 방법

광견병 예방접종은 일반적으로 4월에서 5월 사이, 가을에는 10월경에 실시하므로 근처의 동물병원에서 백신을 접종받을 수 있습니다. 현재 정부에서 광견병 백신을 보조하고 있어, 동물병원에서 이를 지원받을 수도 있습니다. 하지만 지역이나 시기에 따라 백신의 종류나 지원 여부 등에 차이가 있고, 정책 변동이 생길 수 있으므로 수의사와 상담 후 결정하시길 바랍니다.

DOG SIGNAL 119

광견병은 매우 위험한 질병이고 사람도 물리면 감염 수 있기 때문에 발생 확률은 낮더라도 예방접종을 생활화해야 합니다. 또한 매년 1회 보강접종을 실시해야 합니다.

바베시아 감염증

진드기가 옮기는 빈혈

바베시아는 진드기가 옮기는 원충입니다. 바베시아 원충에 감염되면 반려견은 빈혈, 피오줌 증상을 보입니다. 바베시아 원충의 종류에 따라 사망률은 조금 다르지만 일반적으로 사망률이 30% 이상이며 빨리 치료받지 않으면 사망 가능성이 더 높아질 수 있습니다.

우리 강아지, 바베시아 감염증일까요?

- 기운이 없고 산책을 가지 않으려고 해요
- 구강 점막이 창백해요
- 피오줌을 싸요

바베시아는 진드기가 옮기기 때문에 진드기가 활동하는 3월~10월에 풀밭에서 산책을 했다면 바베시아에 감염될 가능성이 있습니다. 경험적으로는 제주도나 부산 지역에서 많이 발생합니다. 바베시아에 감염된 강아지는 기운이 없고 산책 가기를 힘들어합니다. 잇몸과 구강 점막의 색이 평소보다 창백한데요. 비교하기 위해서는 평소 건강할 때의 색을 미리 익혀두는 것이 좋습니다. 미리 확인해두지 못했다면, 엄지손가락으로 잇몸을 지그시 눌렀다 뗀 뒤에 혈색이 잘 돌아오는지 확인합니다. 손을 뗐을 때 하얗게 된 상태에서 붉은색으로 2초 이내에 돌아오지 않는다면 문제가 있다는 신호일 수 있습니다. 바베시아 감염증으로 인해 피오줌을 싸는 경우도 있습니다. 소변에 혈액이 섞여 나오는 경우엔 반드시 치료가 필요하므로 지체 없이 동물병원에 가야 합니다.

발병 원인

산소를 운반하는 적혈구의 수가 줄어들어 건강상 문제가 발생하는 것을 빈혈이라고 합니다. 바베시아 원충은 적혈구를 주로 공격하여 빈혈을 유발하는데요. 바베시아 원충은 적혈구에 침입해서 증식하며 증식한 후에는 적혈구를 깨고 나와서 다른 적혈구에 또 침입하고 증식 후 파괴를 반복합니다. 바베시아 원충에 감염되면 다수의 적혈구가 혈관 내에서 파괴되므로 심한 빈혈을 유발합니다.

예방 방법

산책을 많이 하는 반려견이나 야외에서 훈련이나 교육을 받는 반려견의 경우 미리 진드기감염 예방을 하는 것이 좋습니다. 혹시 반려견의 몸에 진드기가 붙어 있는 것을 발견했다면, 함부로 떼면 안 되고 동물병원에 가야 합니다.

DOG SIGNAL 119

바베시아에 감염된 어린 강아지는 피오줌을 싸거나 잇몸이 창백한 경우가 많습니다. 이런 증상이 나타난다면 동물병원에서 신속한 진단과 치료를 받는 것이 필요합니다. 바베시아는 진드기에 물려서 감염되므로 진드기가 많은 3월~10월에는 특히 잔디밭 산책을 주의하세요.

CHAPTER 3
호흡기

폐렴

숨쉬는 걸 힘들어해요

폐에 염증이 생기는 질병을 폐렴이라고 합니다. 주로 세균이나 바이러스에 감염되어서 폐렴에 걸리는 경우가 많은데요. 사레 들렸던 적 있으시죠? 사레들리는 것은 음식물이 기도에서 폐 쪽으로 들어가려고 하는 것을 막으려는 자연스러운 방어입니다. 음식물, 이물 등이 폐에 들어가서 지속적으로 염증을 유발하여 폐렴이 생기는 경우도 있습니다.

우리 강아지, 폐렴일까요?

- 기침이 잘 안 떨어져요
- 가래가 많아요
- 산책할 때 예전보다 금방 숨이 가쁘거나 힘들어해요
- 숨소리가 평소와는 달라요
- 호흡하기 힘들어해요
- 앉거나 선 자세로 헥헥 거리면서 숨을 쉬어요
- 입을 벌리고 헥헥 거리면서 숨을 쉬어요
- 숨을 쉬는데 배가 심하게 움직여요
- 혀와 입 속의 점막 색이 푸르스름해요

반려견이 이 같은 증상을 보인다면 동물병원에 데려가야 합니다. 특히 호흡이 힘들어 보이거나 혀와 입 속 점막 색이 붉지 않고 파랗게 변한 경우는 빨리 응급 진료를 받아야 합니다.

집에서 어떻게 해주면 좋을까요?

폐렴 때문에 가래가 많을 때는 손을 계란 쥔 듯한 모양으로 만든 뒤에 양손으로 가볍게 반려견의 흉강 양 옆을 콩콩 쳐주면 가래를 뱉어내는 데 도움이 될 수 있습니다. 숨 쉬는 것이 많이 힘들어 보인다면 우선 최대한 환경을 시원하게 해주고, 빨리 동물병원에 가도록 합니다. 반려견은 호흡곤란이 오면 조금이라도 숨을 잘 쉬기 위해서 앉거나 선 상태로 혀를 내밀고 헥헥 거리면서 숨을 쉽니다. 배가 심하게 움직이는 이유도 주위 근육들의 도움을 받아서 숨을 쉬려고 노력하기 때문입니다. 이때 반려견을 안으면 가슴과 배가 눌리기 때문에 숨을 쉬기 더 어려워집니다. 따라서 반려견이 최대한 숨 쉬기 편한 자세를 취할 수 있도록 이동장을 이용해 동물병원으로 옮겨주세요.

어떻게 치료하나요?

동물병원에서는 산소공급 등을 통해 반려견의 호흡을 보조해주며, 폐렴으로 진단되었다면 약물처치를 진행합니다. 수의사는 폐렴의 심각한 정도에 따라서 치료계획을 세우는데, 몇 주에서 몇 달간 치료가 필요할 수 있습니다.

DOG SIGNAL 119

반려견이 숨을 쉬는데 많은 노력이 필요해 보인다면 아프다는 증거이므로 동물병원에 데려가야 합니다. 가래 섞인 기침, 입을 벌리고 숨을 쉬는 증상 등이 보이면 빨리 치료받도록 합니다. 제때 치료받지 못하면 생명을 위협할 수 있습니다.

기관허탈

꽥꽥 기침 소리

반려견들도 사람과 마찬가지로 잘 때 코를 골기도 하고 기침을 하기도 합니다. 하지만 기침을 너무 자주 하거나 호흡시에 이상한 소리가 난다면 호흡기 쪽에 문제가 있다고 생각을 해볼 수 있습니다. 기관허탈*Tracheal Collapse*은 말 그대로 기관이 좁아지는 호흡기계 질환으로 심할 경우 호흡이 힘들어지게 되어 위험한 상황이 발생할 수 있습니다.

목 가운데 부분에 손을 대면 만져지는 딱딱한 구조물이 기관입니다. 기관의 대부분은 연골이며, 식도와 맞닿은 일부분은 근육입니다. 기관허탈이란 원래는 동그랗게 생긴 기관이 납작하게 눌린 것처럼 찌그러지는 것을 말합니다.

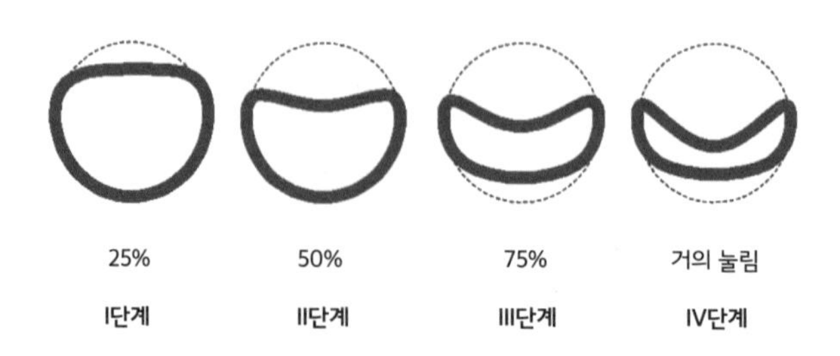

• 기관허탈의 단계. 단면으로 나타낸 모습 •

우리 강아지, 기관허탈일까요?

- 거위 울음소리 같은 기침을 해요
- 호흡을 힘들어해요
- 마른기침을 해요
- 호흡이 빠르고 호흡 소리가 거칠어요
- 일상적인 운동도 힘들어해요
- 갑자기 쓰러졌어요

이러한 증상들은 과격한 운동을 하거나 흥분했을 때 더 심해지는 경향이 있습니다. 숨을 내쉴 때 일명 '거위 울음소리'라고 하는 컹컹 소리를 내는 것이 기관허탈의 특징입니다. 외출 후 집에 들어왔을 때 반려견이 반기며 꽥꽥 소리를 낸다면 바로 동물병원에서 진료를 받길 권장합니다.

발병 원인

선천적인 질환

태어날 때부터 기관이 제대로 형성되지 않거나 유전적인 소인이 있는 소형견(요크셔 테리어, 토이 푸들, 치와와, 포메라니안, 퍼그), 특히 주둥이가 짧은 단두종에서 흔히 나타납니다. 선천적인 문제가 있어도 처음부터 증상을 보이지는 않으며 본격적으로 문제를 보이는 평균 연령은 7살입니다.

만성적인 호흡기계 질환

호흡기에 계속해서 염증이 생기고 자극이 있으면 기관벽의 손상과 재생이 반복되면서 기관이 좁아지는 변화가 생기게 됩니다. 이로 인해 기관허탈이 발생할 수 있습니다.

호흡기 질환 ▶ 기침 · 염증 ▶ 기관 자극 ▶ 기관 손상 ▶ 기관 좁아짐 ▶ 기침 · 염증

이렇게 악순환이 계속 반복되며 증상이 더욱 악화됩니다.

비만

비만이면 심장, 흉강 쪽에도 지방이 많아져 기관허탈이 더 심해집니다.

어떻게 치료하나요?

먼저 비만인 반려견은 살을 빼야 합니다. 비만이 아닌 반려견은 기관허탈로 인한 증상의 심한 정도에 따라 치료를 결정하게 됩니다. 기관허탈에 의한 증상을 보일 경우 지속적인 약물치료가 진행되며 기관허탈의 71%는, 약물로 증상이 완화됩니다. 하지만 심한 경우 수술이 필요할 수도 있습니다. 기관허탈의 증상은 반려견이 흥분하거나 운동을 심하게 했을 때 나타나는 경우가 많으므로 주의합니다.

DOG SIGNAL 119

기관허탈은 약물로 꾸준히 관리해야 하는 질병입니다. 증상을 악화할 수 있는 과격한 산책이나 운동, 과한 흥분, 지나치게 더운 환경을 피하고 비만인 반려견들은 식이조절을 하여 정상체중이 되도록 하는 것이 좋습니다.

폐수종

폐에 물이 찼어요

폐수종은 폐에 액체성 물질이 차는 질환으로 반려견의 폐질환 중 가장 흔합니다. 폐수종에 걸리면 폐에 공기가 제대로 들어가고 나오지 못해 호흡 곤란이 오고, 심한 경우 사망에 이릅니다. 보통 물이 차는 증상을 수종이라고 합니다. 폐는 공기가 들어오고 나가는 것을 반복하면서 산소를 혈관으로 내보내는 역할을 하는데, 어떤 이유로 폐에 물이 차면서 호흡이 곤란해지고 산소가 모자라게 되는 것이죠. 폐수종이 생기는 원인은 다양하기 때문에 정확한 원인 파악과 치료가 꼭 필요합니다.

우리 강아지, 폐수종인가요?

- 입을 벌리고 숨을 쉬어요
- 계속 마른기침을 해요
- 쌕쌕거리는 소리를 내요
- 혀가 파래졌어요
- 숨을 쉬는 것을 힘들어해요
- 호흡수가 빨라졌어요

폐수종이 생기면 공기가 들어올 공간이 작아지며 호흡 곤란이 유발됩니다. 반려견은 휴식을 취하거나 잠을 잘 때 1분당 15~30회의 호흡수를 보이는 것이 정상인데, 폐수종이 생기면 호흡이 힘들어지며 호흡수가 빨라집니다. 또한 덥지 않은데 입을 벌리고 헥헥거리며, 앉아서 목을 쭉 내민 채로 숨을 쉬는 모습을 보입니다.

발병 원인

폐수종이 생기는 원인은 크게 심장병과 심장병 이외의 원인으로 나눌 수 있습니다.

심장이 원인인 경우

심장병이 원인이 되어 생기는 폐수종을 심인성 폐수종이라고 합니다. 심인성 폐수종은 흔히 이첨판폐쇄부전증이라는 심장질환을 가진 반려견에서 좌심부전이 유발되었을 때 생깁니다. 여기서 이첨판이란 좌심방과 좌심실 사이에 있는 판막으로, 혈액이 반대 방향으로 역류하는 것을 막아줍니다. 또한 좌심부전이란 좌심방과 좌심실이 제 기능을 하지 못하게 되는 것을 말합니다. 정상적으로 혈액이 심장의 왼쪽 부분을 지나가는 경로를 간단히 말하자면 다음과 같습니다.

폐정맥 → 좌심방 → 좌심실 → 대동맥

폐를 순환한 혈액은 폐정맥을 통해 좌심방으로 이동하고 좌심실을 거쳐 대동맥을 통해 전신으로 퍼져나갑니다. 그런데 이첨판폐쇄부전증 환자에서는 판막이 역할을 제대로 하지 못해 혈액이 반대방향으로 역류하면서 좌심방에서 좌심실로 제대로 이동하지 못합니다. 이로 인해 좌심실로 가야 할 혈액이 좌심방에 계속 고이게 되고 고이다 못해 좌심방과 연결된 폐정맥에

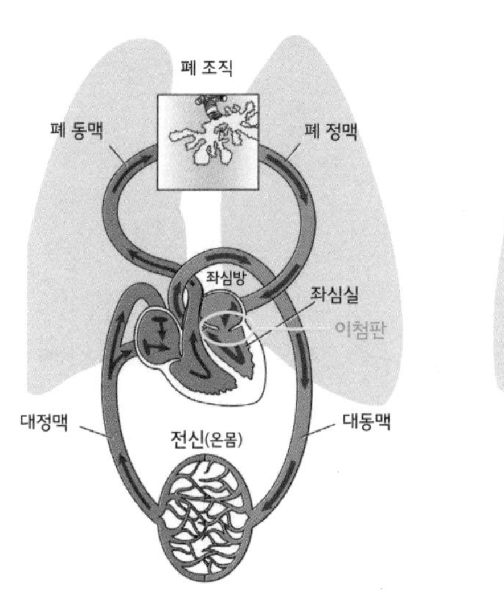

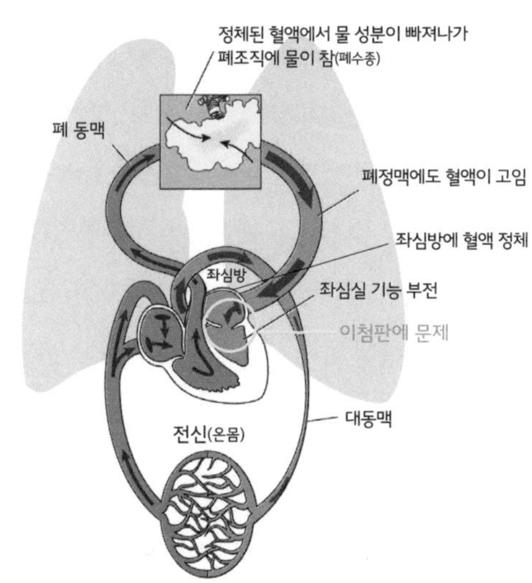

도 혈액이 고입니다. 폐정맥에 고인 혈액은 폐로 조금씩 빠져나가 폐에 물이 차는 폐수종이 됩니다.

심장이 원인이 아닌 경우

폐수종이 심장병 외에 다른 원인으로 인해 생긴 경우를 비심인성 폐수종이라고 합니다. 비심인성 폐수종은 발작, 외상으로 인한 뇌손상, 감전, 익사, 폐렴, 전신염증반응, 패혈증, 상부호흡기 폐색 등이 원인이 되어 유발되며 원인을 알 수 없는 경우도 있습니다.

어떻게 치료하나요?

폐수종을 진단하고 원인을 알기 위해서 방사선 검사, 혈액검사, 초음파 검사 등을 진행합니다. 이러한 검사들을 통해 폐수종의 원인을 파악한 후 그에 맞는 치료가 이루어집니다.

심인성 폐수종의 경우 폐에 찬 물을 빼기 위한 약물치료를 해야 하며, 그 이후에도 지속적인 심장병에 대한 약물관리를 받아야 합니다. 심인성 폐수종을 치료하고 나서 심장병에 대한 관리가 제대로 이루어지지 않는다면 심장병이 악화되어 폐수종이 급성으로 언제든 재발할 수 있습니다.

비심인성 폐수종은 산소공급을 통한 대증처치와 함께 폐수종을 일으키는 원인에 대한 치료를 진행합니다. 원인에 따라 폐수종은 금방 치료되기도 평생 남아 있을 수도 있습니다. 반려견의 호흡이 안정될 때까지 동물병원에서 지속적인 치료를 받아야 합니다.

집에서 어떻게 해주면 좋을까요?

폐수종은 재발이 잘 되기 때문에 원인에 대한 꾸준한 관리가 꼭 필요합니다. 또한 반려견이 자고 있을 때, 1분당 호흡수를 측정해보고 호흡이 안정적인지 나빠지고 있지는 않는지 틈틈이 체크하는 것이 좋습니다. 자세히 보면 숨을 쉴 때 반려견의 가슴 부분이 올라갔다 내려갔다 하는 것을 확인할 수 있습니다. 1분당 호흡수를 측정하기 위해선 1분에 몇 번 움직이는지를 세면 됩니다.

DOG SIGNAL 119

폐수종은 호흡곤란을 유발하는 질환으로 원인에 따른 즉각적인 치료가 필요합니다. 또한 폐수종은 재발이 잘 되므로 치료 후에도 심장병 및 다른 원인에 대한 지속적인 치료를 해야 합니다.
반려견이 휴식을 취하거나 잠을 잘 때 1분당 호흡수를 측정합니다. 1분당 15~30회가 정상 호흡수이며 만약 이보다 호흡수가 빠르거나 점점 빨라지고 있다면 호흡이 불안정한 것일 수 있으므로 검사를 받아보는 것이 좋습니다.

단두종증후군

주둥이가 짧고 코가 눌린 얼굴

단두종은 주둥이가 짧은, 즉 얼굴이 눌려 있는 형태의 강아지들을 일컫는 말입니다. 불독, 프렌치 불독, 보스턴 테리어, 킹 찰스 스파니엘, 라사압소, 시츄, 페키니즈, 퍼그 등이 바로 단두종에 속합니다. 짧은 주둥이와 눌린 코 때문에 귀엽지만 숨을 쉬기 어려워하거나 심한 코골이를 하기도 하는데 이는 단두종증후군으로 인한 증상입니다.

우리 강아지, 단두종증후군일까요?

- 잘 때 숨 쉬는 걸 힘들어해요
- 코를 심하게 골아요
- 가끔 혀가 파래져요
- 숨소리가 시끄러워요
- 운동이나 산책을 시키면 심하게 헥헥거려요
- 혀를 내밀고 숨을 거칠게 쉬어요

증상이 나타나는 시기는 반려견마다 다르지만 평균적으로 3살 정도부터 이 같은 증상을 보이기 시작합니다. 하지만 1살 때부터도 나타날 수 있으며 증상은 연령이 증가함에 따라 악화되는 편입니다.

단두종은 왜 숨쉬기 힘들어할까?

좁은 콧구멍

단두종은 다른 품종의 반려견들에 비해 콧구멍이 좁습니다. 개들은 코로 숨을 들이마시는데, 콧구멍이 좁으면 호흡이 불편할 수 있습니다.

긴 연구개

연구개란 혀를 입천장에 댔을 때 딱딱한 입천장 뒷부분에 위치한 물렁거리는 입천장 부분을 말합니다. 단두종에서는 연구개가 선천적으로 길기 때문에 기관을 부분적으로 막아 호흡이 힘들어질 수 있습니다.

뒤집힌 후두실 주머니

후두실 주머니는 목구멍 뒤쪽에 있는데 후두실 주머니가 뒤집히면 기관을 부분적으로 혹은 완전히 막아 호흡을 힘들게 할 수 있습니다.

기관 형성 부전

태어날 때부터 기관 형성이 제대로 되지 않은 경우도 있습니다. 이로 인해 기관이 좁으면 호흡이 불편하고 형태 문제로 기관허탈이 쉽게 발생할 수 있습니다.

대부분의 단두종은 이 4가지 중 최소 1가지 이상의 형태적 이상을 가지고 있으며 불행히도 4가지를 모두 가지고 있는 반려견들도 있습니다. 이러한 구조적 이상은 호흡을 힘들게 하는 원인이 됩니다.

어떻게 치료하나요?

일단 증상이 나타나기 시작하면 시간이 지남에 따라 단두종증후군이 점점 악화되는 경향이 있습니다. 따라서 처음 증상을 보일 때 동물병원에서 진단과 치료를 받는 것이 좋습니다. 동물병원에서는 산소공급과 약물처치 등을 진행합니다. 증상이 완화되지 않는다면 수술을 하기도 합니다.

집에서 어떻게 해주면 좋을까요?

단두종증후군은 선천적으로 호흡이 힘들게 태어난 것이므로, 반려견이 숨을 편하게 쉴 수 있도록, 생활 속에서 늘 배려해야 합니다. 먼저 산책시 목줄에 의해 기관이 압박되지 않도록 주의합니다. 과도하게 줄을 당겨 목이 졸리는 일이 없도록 해야 하며, 목줄보다는 가슴줄을 착용하는 것이 좋습니다. 산책은 가급적 너무 덥지 않은 날씨에 하고 산책 중 반려견이 심하게 숨을 헐떡이지는 않는지 살펴봅니다. 날씨가 너무 습하거나 뜨거운 날에는 운동을 최소화하여 호흡에 무리가 가지 않도록 해줍니다. 살이 찌면 숨쉬기가 더욱 힘듭니다. 간식이나 사료의 양을 조절하여 체중관리를 하는 것 또한 중요합니다.

DOG SIGNAL 119

단두종증후군이 있는 반려견들은 숨을 쉬기 힘들어하는 증상을 보이며 시간이 지남에 따라 심해질 수 있습니다. 반려견이 숨을 편히 쉴 수 있도록 치료를 받고 가정에서 관리를 잘 해주는 것이 중요합니다.

기흉

흉강에 공기가 찼어요

폐와 흉막 사이에 흉강이라는 공간이 있습니다. 이 부위에 공기가 차는 질병이 기흉입니다. 흉강에 공기가 들어오면 폐가 제대로 부풀지 못하고 찌그러지게 됩니다. 따라서 기흉이 발생하면 정상적인 호흡이 어렵습니다.

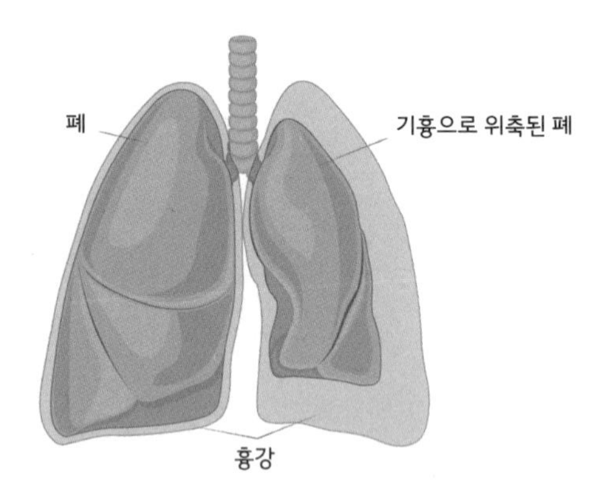

우리 강아지, 기흉일까요?

- 숨을 얕고 빠르게 쉬어요
- 배로 숨을 쉬어요
- 눕기를 싫어해요
- 산책하거나 움직이는 것을 싫어해요

발병 원인

교통사고

반려견에서 가장 흔한 원인은 교통사고입니다. 교통사고로 인해 상처 등으로 폐나 흉막에 구멍이 뚫려 흉강에 공기가 차는 것으로, 이때 기흉은 긴급한 질병입니다. 사고를 미연에 방지하기 위해선 안전수칙을 지키는 것이 중요합니다. 리드줄을 하지 않으면 교통사고의 위험에 언제든 노출될 수 있습니다. 따라서 산책시에는 예외 없이 리드줄을 착용해야 합니다. 반려견 교통사고는 생각보다 훨씬 자주 발생합니다. 평소에 잘 따라다니는 반려견도 언제든 사고가 날 수 있으니 방심하지 말고 꼭 리드줄을 착용합니다.

폐질병

폐에 질병(종양 혹은 심한 폐렴 등)이 있는 경우 병이 있는 부분이 터지면서 기흉이 생길 수 있습니다.

어떻게 치료하나요?

기흉의 정도가 심하지 않은 경우 산소공급으로 안정을 취하게 도와주면서 호전되길 기다립니다. 심한 경우는 흉강에 튜브를 장착해 공기를 지속적으로 빼내야 합니다. 대다수가 교통사고로 인한 중증환자로 수액처치, 수술 등이 필요할 수 있습니다.

DOG SIGNAL 119

교통사고는 기흉 발생의 주요원인이며 교통사고는 대형견 소형견을 가리지 않기에 사고를 당하지 않도록 주의해야 합니다. 리드줄은 안전벨트라는 생각으로 훈련이 잘 된 반려견일지라도 착용을 생활화해야 합니다.

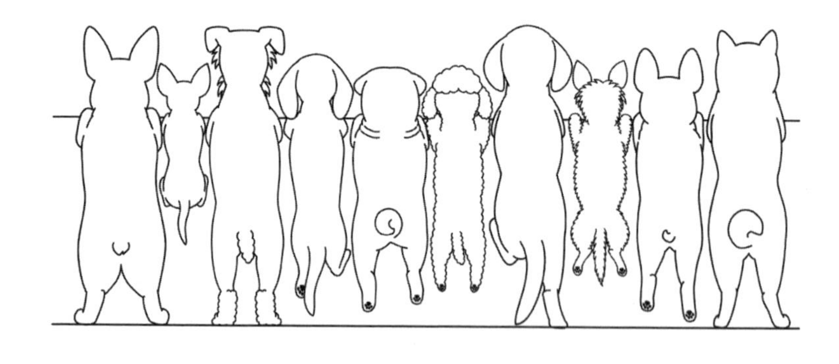

CHAPTER 4
치과

치주질환

입냄새가 너무 심해요

사람은 매일 양치를 하고 이가 조금이라도 아프면 치과에 가서 치료를 받습니다. 반면 일생 동안 양치 횟수가 손에 꼽힐 정도로 치아관리를 잘 받지 못하는 반려견들도 있습니다. 보호자가 양치를 시켜주더라도 사람만큼 꼼꼼하게 자주하기는 어렵습니다. 따라서 치태나 치석이 잘 끼고 그 때문에 치주질환이 생깁니다. 반려견에서 흔한 치주질환에 대해 알아보겠습니다.

우리 강아지, 치주질환일까요?

- 잇몸이 빨갛고 피가 나요
- 입 냄새가 심해요
- 입을 만지는 것을 싫어해요
- 씹는 것을 힘들어해요
- 밥을 잘 안 먹어요
- 이빨이 빠져요

반려견이 이러한 증상을 보이면 치은염이 치주염으로 진행되기 전에 치료를 받는 것이 좋습니다. 치주질환은 모든 연령에서 생길 수 있지만 노령견에서 더 흔하게 나타납니다.

강아지의 이빨

반려견의 이빨도 사람과 마찬가지로 유치가 먼저 나고 유치가 빠지면서 영구치가 나기 시작합니다. 유치는 생후 3~4주째부터, 영구치는 3개월때부터 나기 시작합니다. 다음 표는 반려견의 유치와 영구치 개수입니다.

		앞니	송곳니	작은어금니	큰어금니
유치	윗니	3	1	3	
	아랫니	3	1	3	
영구	윗니	3	1	4	2
	아랫니	3	1	4	3

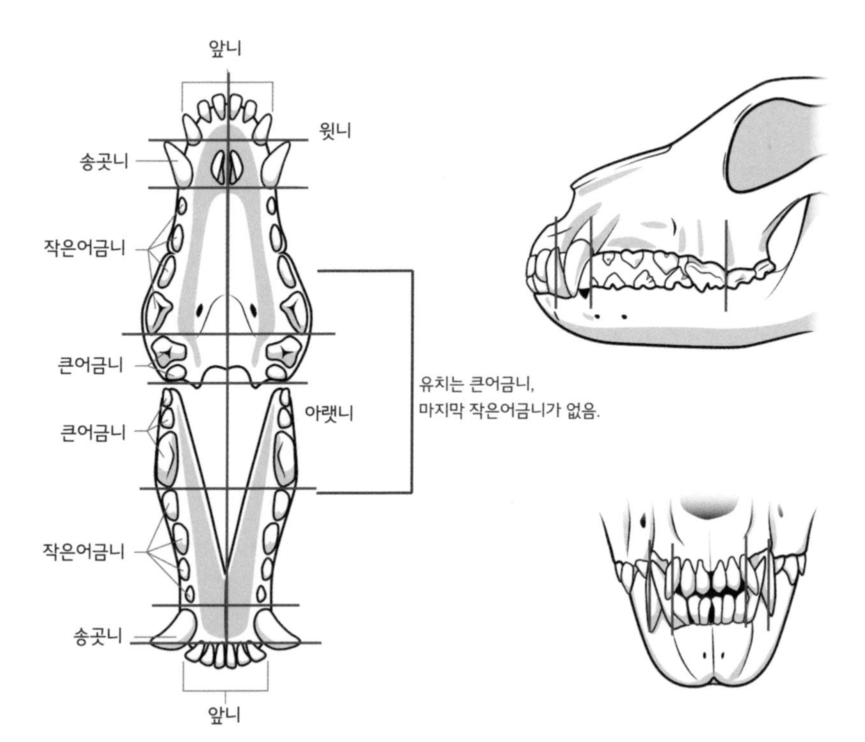

치주질환이란?

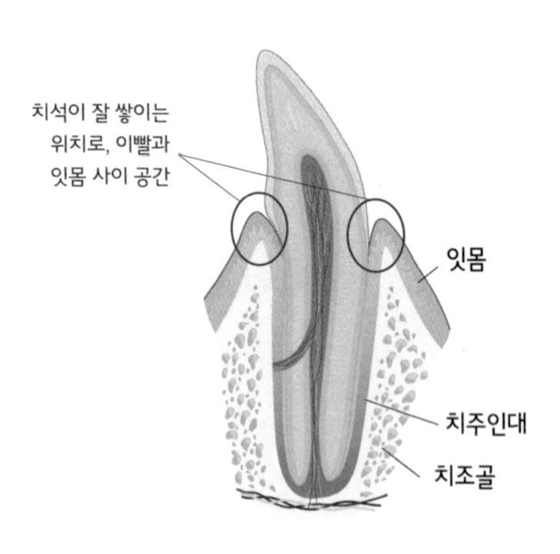

이빨은 치주조직이라는 것에 의해 둘러싸여 있습니다. 치주조직은 잇몸, 치주인대, 치조골로 이루어져 있으며 이빨을 잡아주고 보호하는 중요한 역할을 합니다. 치주질환은 주로 치주조직에 염증이 생겨 발생합니다. 치주조직에 질환이 생기게 되면 이빨에도 영향을 미쳐, 이빨이 빠지거나 썩는 등의 문제가 생깁니다. 반려견이 먹은 음식물, 구강세균, 구강잔여물들이 뭉쳐 치태를 형성하고 치태가 계속 쌓여 침성분과 무기질들이 합쳐져 더 단단한 치석이 되면서 잇몸에 염증을 유발합니다.

치은염

잇몸에 염증이 발생한 것을 치은염이라고 합니다. 치은염은 치주질환의 초기 단계로, 치석이 쌓이면서 치아와 맞닿은 잇몸이 붉어지며 그 증상이 나타납니다. 치료를 하게 되면 다시 건강한 잇몸으로 되돌아갈 수 있습니다.

치주염

치은염을 치료하지 않고 그냥 두면 치주염으로 진행됩니다. 치은염의 상태에서 염증이 계속되면, 치주인대와 치조골까지 파괴되어 이빨까지 부식되는 것입니다. 이빨까지 부식되면 돌이키기 어려운 상황이 돼버립니다. 이빨 아래 잇몸 안쪽까지 치석이 축적되면서 이빨과 잇몸 사이에 빈 공간이 생기고 그 공간에 세균이 자라며 농이 차면, 치주농양이 생길 수 있습니다.

어떻게 치료하나요?

치은염: 질병의 초기단계인 경우

스케일링으로 치석을 제거한 후 집에서 잘 이빨 관리(양치)를 해줍니다.

치주염: 질병이 많이 진행된 경우

동물병원에서 다른 건강한 부위가 아프지 않도록 예방하고 이미 아픈 부위는 더 심하게 아프지 않도록 치료합니다. 이빨이 손상되었다면 이빨을 뽑고 그렇지 않다면 스케일링 후 이빨 관리를 통해 보존적 치료를 진행합니다.

집에서 어떻게 해주면 좋을까요?

치통은 사람이 가장 참기 힘든 고통 중 하나라고 합니다. 마찬가지로 치과 질환은 반려견에게도 상당히 큰 통증을 유발합니다. 치은염은 치아관리 소홀이 원인이므로 매일 양치를 해주어, 다시 치석이나 플라그가 발생하지 않도록 막아줘야 합니다. 주기적인 스케일링을 통해 잇몸과 치아를 잘 관리해 주도록 합니다.

DOG SIGNAL 119

건강한 잇몸을 가지고 있다면 치주질환에 걸릴 가능성이 낮습니다. 예방이 가장 중요합니다. 집에서 양치를 잘 해주고 반려견의 치주질환 증상을 파악하여 질환이 더 심해지는 것을 막는 것이 가장 좋습니다. 이빨이 아프지는 않은지 반려견이 보내는 시그널을 잘 파악합니다.

치주농양

눈 밑이 부어올라요

치주농양(치첨농양)은 치주질환 중 하나로 이빨 뿌리쪽에 세균이 감염되어 농이 생기는 질환입니다. 치주농양에 걸리면 통증이 굉장히 심합니다. 치료하지 않은 채 내버려두면 드물게 구강세균이 혈액을 통해 심장, 신장 등 다른 장기로 퍼져 심각한 질환을 유발할 수도 있습니다.

우리 강아지, 치주농양일까요?

- 얼굴이 부었어요
- 이빨이 빠져요
- 씹기 힘들어해요
- 치석이 많아요
- 침을 줄줄 흘려요

치주농양은 심한 통증을 유발하기 때문에 반려견이 기운이 없거나 우울해하고 먹을 때 아파할 수 있습니다. 또한 윗이빨에 치주농양이 생기면 눈 아래쪽이 붓기도 하는데 이는 굉장히 심한 상태로 반드시 동물병원에 가서 치료를 받아야 합니다.

발병 원인

치주농양은 심하게 진행된 치주질환입니다. 주로 치주질환에서 진행되어 세균으로 인해 농이 생기면서 치주농양이 발생합니다. 딱딱한 것을 많이 씹는 반려견일수록 치아에 더 많이 무리가 가기 때문에 치주농양이 더 잘 나타날 수 있습니다. 또한 당뇨병이 있는 경우 농이 더 잘 생긴다는 보고가 있습니다.

집에서 어떻게 해주면 좋을까요?

치주농양은 방치하면 안 되고 동물병원에 가서 진단과 치료를 받아야 합니다. 치료기간 동안 치료 부위에 감염이 쉽게 일어날 수 있기 때문에 완전히 아물 때까지 반려견이 씹고 무는 장난을 치지 않도록 합니다. 회복과정을 돕기 위해 너무 딱딱한 음식이나 간식을 주지 않는 것이 좋습니다. 또한 양치와 스케일링을 주기적으로 해주어 치석이 심하게 끼지 않도록 합니다.

DOG SIGNAL 119

치주농양에 걸리지 않기 위해선 양치와 스케일링을 통해 치주질환을 예방하는 것이 중요합니다. 반려견이 먹을 때 불편해하거나 얼굴 부위 중 눈 밑이 부어오르거나 비대칭적이라는 의심이 들면 놓치지 말고 진료를 받고 치료합니다.

잔존유치

유치가 안 빠져요

잔존유치는 글자 그대로 유치가 그대로 남아 있다는 것입니다. 이빨이 많으면 좋은 거 아니냐고요? 유치가 자리를 비켜줘야 영구치가 제대로 자리를 잡을 수 있기 때문에 그렇지 않습니다. 오히려 유치가 계속 있으면 문제가 생깁니다.

강아지도 이갈이를 하나요?

강아지도 사람과 마찬가지로 유치에서 영구치로 이갈이를 합니다. 보통 생후 3주부터 이빨이 나기 시작해서 2개월 정도되면 유치는 다 나게 됩니다. 강아지는 이빨 간격이 넓어서 듬성듬성 나는데 조그맣게 나는 이빨이 정말 귀엽습니다. 이갈이는 보통 생후 5개월부터 시작하여 6~7개월 무렵 완료됩니다.

잔존유치란?

이갈이는 6~7개월 때 완료됩니다. 보통 영구치가 유치 크기의 절반 정도로 자라면 유치는 빠지고 영구치가 자리를 잡게 됩니다. 그런데 유치가 빠지지 않으면 영구치가 자리를 잡기 힘들어집니다. 이처럼 빠져야 할 유치가 빠지지 않는 병을 잔존유치라고 합니다.

특히 우리나라에서 많이 키우는 소형 품종 강아지들은 잔존유치를 갖고 있는 경우가 많습니다. 따라서 백신접종시 동물병원에서 이빨 상태를 한번 체크해보는 것이 좋습니다.

잔존유치는 치료가 필요한 질병입니다.

유치가 있으면 영구치가 자리를 잡지 못합니다. 이상한 위치에 있는 영구치는 입안의 점막을 찔러 상처를 만듭니다. 그리고 이빨들이 위치를 잡지 못해 치료하지 않으면 강아지는 부정교합 상태로 살아가게 될 수 있습니다. 또한 영구치와 유치 사이에 이물질이나 치석 등이 잘 끼므로 염증이 생길 확률이 매우 높아집니다.

어떻게 치료하나요?

빠지지 않고 있는 유치들을 뽑아야 합니다. 이로 인해 이빨 및 잇몸에 염증이 생겼다면 이에 대한 치료도 함께 진행되어야 합니다.

DOG SIGNAL 119

잔존유치는 영구치가 자리 잡는 데 방해가 되며 염증을 유발하고 이빨이 틀어지는 부정교합을 일으킬 수도 있습니다. 잔존유치는 우리나라에 작은 품종의 강아지들에서 많이 생기므로 동물병원에 가서 체크하도록 합니다.

치은종

잇몸에 혹이 났어요

치은종은 잇몸이 증식하여 종양처럼 커지는 것을 말합니다. 보통 잇몸에서 새싹처럼 자라오르는 양상으로 커질 때가 많습니다. 입 안에 있기 때문에 치은종이 자라나더라도 보호자들이 눈치채지 못하는 경우가 대부분입니다. 따라서 주기적으로 입 안을 잘 살펴보는 것이 필요합니다.

우리 강아지, 치은종일까요?

- 침을 흘려요
- 먹는 걸 힘들어해요
- 잘 못 씹어요
- 입에서 피가 나요
- 체중이 줄었어요

치은종이 많이 커지면 이러한 증상들이 나타날 수 있습니다. 그러나 대부분 치은종이 있어도 겉으로 보기에는 아무런 티가 나지 않습니다. 반려견 입 안을 자세히 살펴보지 않고서는 혹이 생겼다는 걸 알아채기 어렵습니다. 다만 반려견이 입 안을 보여주는 것을 싫어하는 경우가 많아서 입 속을 잘 살펴보기 어렵습니다. 어렵더라도 양치를 습관화해서 주기적으로 입 안을 살펴보며 구강건강을 챙기는 것이 필요합니다.

치은종은 대부분 양성입니다. 하지만 뼈를 파고들면서 자라는 종류는 악성종양의 이전 단계일 수 있습니다. 반려견의 입 안에 생기는 혹은 치은종이 아니면 대개 악성종양입니다. 눈으로 봐서는 치은종과 악성종양을 구별하기 어렵기 때문에 혹을 발견했다면 동물병원에서 진료를 받아야 합니다.

어떻게 치료하나요?

치은종의 종류, 크기, 상태 등을 고려해서 치료합니다. 일반적으로 치은종은 수술을 통해 제거합니다. 치은종이 이미 뼈에 심하게 침습되었다든지 치아에도 영향을 주었다든지 하는 요인들을 고려하여 치료를 계획하게 됩니다.

집에서 어떻게 해주면 좋을까요?

치은종이 작을 때에는 별다른 증상이 없습니다. 하지만 크기가 커지면 밥을 먹기가 불편해지므로 살이 빠질 수 있습니다. 잘 씹지 않고 먹어도 소화가 잘 되도록, 사료나 음식을 잘게 잘라서 주거나 유동식을 주는 게 좋습니다.

DOG SIGNAL 119

치은종은 겉으로 보기에는 별다른 티가 나지 않을 때가 많습니다. 평소 양치를 해줄 때 주의를 기울여서 입 속에 이상은 없는지 살펴보는 것이 필요합니다. 구강에 혹을 발견했다면 커지면서 심해지기 전에 치료해줄 수 있도록 진단과 치료를 받아야 합니다. 치은종은 대부분 양성이지만 치은종 외에 입 안에 발생하는 혹의 상당수는 악성종양이기 때문에 조기 진단과 치료가 중요합니다.

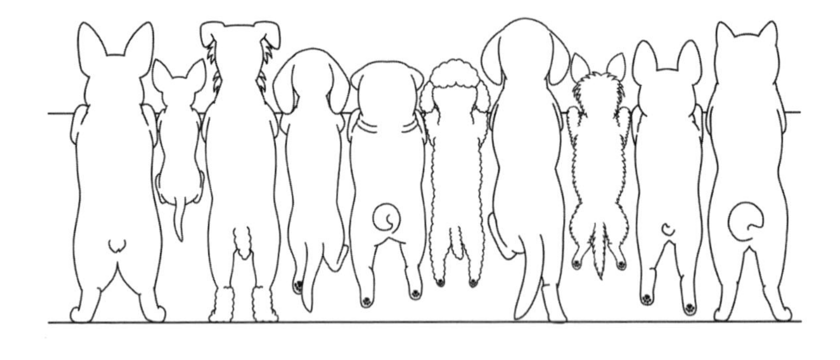

CHAPTER 5
소화기

췌장염

극심한 복통을 유발해요

췌장염은 반려견에서 많이 발생하는 소화기계 질환이자 췌장에 발생하는 질병 중에서 가장 흔한 질병입니다. 췌장염에 걸린 반려견은 기운이 없어 보이고 구토를 하기도 합니다.

우리 강아지, 췌장염일까요?

- 밥을 잘 안 먹어요
- 구토를 해요
- 배를 누르면 아파해요
- 엉덩이는 든 채로 앞다리를 앞으로 뻗은 자세로 있어요
- 기력이 떨어졌어요
- 설사를 해요

췌장염에 걸린 반려견은 식욕감소, 구토, 복부통증을 주로 보입니다. 반려견이 잦은 구토를 한다면 췌장염일 가능성이 있으니 동물병원에서 진료를 받도록 합니다. 특히 췌장염에 걸리면 심한 복통을 느낍니다. 복통이 극심할 때 반려견은 엉덩이를 든 채 앞다리를 앞으로 뻗은 자세를 취합니다. 하지만 통증이 심해도 내색을 하지 않는 반려견도 있으니 복부에 힘을 주고 있지는 않는지, 안절부절하지는 않는지 자세히 관찰합니다. 이처럼 많이 아

파도 별다른 증상을 보이지 않을 수 있고, 탈수, 쇼크 등의 심각한 증상을 보이는 경우도 있습니다.

• 엉덩이를 든 채 앞다리를 뻗은 자세를 하며, 불편해한다면 복통이 있다는 시그널 •

췌장염은 크게 급성형과 만성형이 있는데 급성으로 췌장염이 발생하면 갑작스러운 심한 구토와 복통을 주로 보입니다. 반면 만성으로 췌장염이 있으면 간간히 식욕이 없거나 기력이 떨어지는 것을 볼 수 있습니다. 만성췌장염일지라도 급성형으로 진행되어 갑자기 심한 증상을 겪을 수 있으니 삼겹살과 같은 기름진 사람 음식을 주지 않고 저지방식이로 관리해야 합니다.

이러면 췌장염에 잘 걸려요

췌장염은 모든 연령, 품종, 성별의 개에서 발생할 수 있습니다. 다음에 해당되는 반려견은 췌장염에 걸리기 쉽습니다.

- 과체중 및 비만인 경우
- 쿠싱증후군, 갑상선기능 저하증, 당뇨등의 내분비계 질병이 있는 경우
- 고지혈증이 심각한 경우
- 지방 함량이 높은 음식을 먹는 경우(주로 기름진 사람 음식을 먹는 경우)

위의 고위험군에 해당되는 반려견이 구토를 심하게 한다면 췌장염일 가능성이 높으니 상태가 악화되기 전에 동물병원에 가서 정확한 진단과 치료를 받아야 합니다.

집에서 어떻게 해주면 좋을까요?

췌장염이 심해져서 탈수나 쇼크 등의 위급한 상태로 진행된 뒤에는 치료가 매우 어렵고 사망에 이르기도 합니다. 따라서 반려견의 상태가 좋지 않아 보이고 심한 구토를 한다면 동물병원에서 입원치료를 받아야 합니다.

반려견이 구토를 할 때엔 무리해서 먹이려고 하지 말고 4~6시간 정도는 절식을 해도 괜찮습니다. 하지만 어린 강아지라면 저혈당이 올 수도 있으니 가급적이면 빨리 응급 진료를 받으러 가야 합니다. 절식 후에는 소량의 물을 급여해보고, 물을 먹고도 구토를 하지 않는다면 소화가 잘 되는 식이를 조금씩 먹여봅니다. 식이는 집에서 탄수화물이 주성분인 쌀로 소량의 죽을 만들어줄 수 있으며, 췌장염 전용의 저지방 식이로 이루어진 처방식 사료를 줄 수도 있습니다. 죽을 만들 때 양파는 절대 넣지 않도록 주의합니다.

췌장염으로 치료받은 직후이거나 만성췌장염으로 진단받았다면 저지방 식이로 지속으로 관리해주는 것이 좋습니다. 삼겹살, 견과류 등 지방 함량이 높은 음식은 주지 않도록 주의합니다.

DOG SIGNAL 119

췌장염의 주요증상은 구토, 식욕감소, 복부통증입니다. 췌장염은 심할 경우 사망에 이를 수 있는 무서운 질환입니다. 상태가 괜찮으면 통원치료를 받기도 하지만 대부분은 입원치료가 필요합니다. 한번 심각한 상태로 진행된 뒤에는 되돌리기가 어렵기 때문에 구토를 하는 반려견의 상태가 좋지 않아 보인다면 반드시 진료를 받아야 합니다.

담도계 질환

담낭, 담관의 문제

담도계는 담낭과 담관으로 구성되며 담즙의 흐름에 관여합니다. 쉽게 말하면 담즙이 저장되고 흐르는 길입니다. 우선 담낭은 사람에서 쓸개라고도 불리며 작은 초록색 풍선처럼 생겼으며 간 사이에 위치합니다. 담낭은 간에서 만들어진 담즙을 저장하고 농축하는 역할을 합니다. 담관은 담낭에 저장된 담즙이 나가는 통로로, 담즙은 담관을 통해 십이지장으로 분비되어 지방의 소화를 돕는 역할을 합니다.

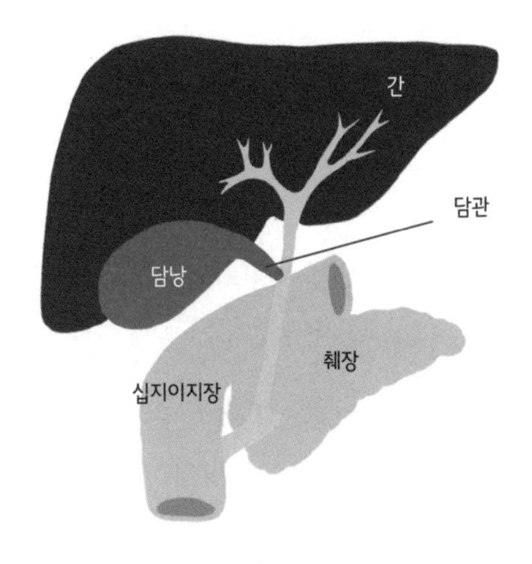

우리 강아지, 담도계 질환일까요?

- 체중이 감소했어요
- 눈 흰자위가 노래졌어요
- 피부가 노래졌어요
- 잇몸이 노래졌어요
- 구토를 해요
- 밥을 잘 안 먹어요
- 우울해해요
- 복통이 있어요
- 갑자기 기력이 떨어졌어요

어떤 담도계 질환이든지 이러한 증상들은 공통적으로 나타날 수 있습니다. 물론 질환에 따라 보이는 증상과 정도가 다양합니다. 담낭 파열 및 담즙성 복막염은 갑자기 반려견의 기력이 떨어지는 증상이 생길 수 있습니다.

담도계 질환의 종류

담도계 질환은 담낭 내의 염증, 담즙의 정체 혹은 담관의 막힘 등 담도계에서 생기는 질환을 통틀어 이릅니다. 담도계 질환은 점차 심하게 진행되는 경향이 있어서 초기 단계에서 관리를 잘 해주어야 합니다. 담낭 내에서 담즙 정체가 계속되다가 심하게 진행되면 담낭이 파열되고 복막염까지 진행될 수 있는데 이 경우 생명이 위험할 수 있습니다.

담낭 점액종

담낭 점액종이란 담낭에 끈적끈적한 점액이 차는 것으로 주로 중년견이나 노령견(평균 10년령)에서 흔하며 코카 스파니엘, 미니어처 슈나우저에게 잘 발생합니다. 이 질환을 가진 반려견의 20% 이상은 복부초음파 검사를 진행하다가 우연히 진단되는 경우가 많습니다. 점액이 생기는 이유는 담낭의 운동성이 감소하며 생기는데, 점액이 담낭에 가득 찰 경우 담낭 파열의 위험이 있습니다. 쿠싱증후군이 있는 경우 담낭 점액종이 더 잘 생깁니다.

담즙성 복막염

담낭 점액종이 심하게 있거나 심한 외부의 충격 때문에 담낭이 파열되어 복강으로 새어나오면 다른 복강 장기와 복막에 염증을 유발합니다. 담즙성 복막염은 생명을 위협하는 질환으로 동물병원에서 이를 진단받았다면 응급처치(수술)를 받아야 합니다.

담석

담석은 담즙의 흐름이 정체될 때 담즙에 색소, 칼슘, 콜레스테롤 등이 과포화되어 돌처럼 뭉치면서 생성됩니다. 담석이 담관을 막지 않으면 별다른 증상을 보이지 않습니다.

담관 폐색

이 질환은 말 그대로 담관이 막히는 것으로 간에서부터 담낭, 십이지장까지에 이르는 담즙의 흐름이 막혀 문제가 됩니다. 담관 폐색은 간, 담낭, 췌장, 소장 등에 질환이 있을 때 함께 발생하거나 담석이나 담낭 점액종으로 인해 생길 수도 있습니다.

어떻게 치료하나요?

반려견이 증상이 없거나 약할 경우 약물치료를 진행하며 증상이 심하거나 약물치료로 나아지지 않는다면 수술을 진행합니다. 예방적 목적으로 수술을 하기도 합니다. 종양과 담즙성 복막염을 제외하고는 수술 후 경과가 좋은 편입니다. 단, 정도가 약한 질환도 계속되면 심각한 담도계 질환으로 진행될 수 있으므로 지속적으로 검진을 받아야 합니다.

집에서 어떻게 해주면 좋을까요?

반려견이 지방을 적게 섭취하고 단백질을 더 많이 섭취할 수 있도록 식단을 조절해주세요. 지방을 많이 먹게 되면 그만큼 소화시키기 위해 담즙이 많이 생성되어야 합니다. 그런데 담도계 질환이 있으면 담즙의 흐름이 원활하지 않아 생산은 많이 되는데 나가지는 못하며, 저장되는 양만 늘어 담낭에 무리가 갑니다. 반면 단백질 섭취가 너무 적을 경우 담석의 생성을 촉진하므로 지방을 적게 먹이는 대신 단백질 섭취를 더 많이 하게 해주어야 합니다.

DOG SIGNAL 119

반려견이 심한 복통을 호소하고 눈이나 잇몸 점막이 노랗다면 동물병원에서 진료를 받는 것이 필요합니다. 노령견의 경우 최소 6개월에 한 번씩 정기검진을 받는 것이 중요합니다. 특히 담낭 점액종의 경우 초음파 검사 도중 우연히 발견하는 비율이 20%나 되므로 정기검진을 한다면 미리 발견해서 약물치료나 수술적 처치 등의 관리를 해줄 수 있습니다.

염증성 장질환

계속 무른 변을 봐요

염증성 장질환*Inflammatory Bowl Disease: IBD, 이하 IBD*은 이름 그대로 장에 염증이 있는 질환을 말합니다. 염증을 일으키는 원인은 많기 때문에 그 원인에 맞는 치료가 필요합니다.

우리 강아지, IBD일까요?

- 지속적인 설사를 해요
- 대변에 점액이 묻어 나와요
- 몸무게가 줄었어요
- 활력이 이전보다 줄었어요
- 밥을 잘 안 먹어요
- 구토를 해요

IBD는 특별한 원인 없이 생기는 경우가 많으며, 기생충이나 세균감염 혹은 음식 알러지에 의해서 생기기도 합니다.

집에서 어떻게 해주면 좋을까요?

IBD는 꾸준히 관리해야 하는 질환입니다. 설사, 구토 등의 소화기 증상이 없고 장내에서 과도한 면역반응이 유발되지 않도록 하여 몸무게가 안정적으로 유지되도록 관리해주는 것이 중요합니다.

감염성 원인이라면, 감염체에 맞는 구충제(기생충이 원인인 경우), 항생제(세균이 원인인 경우)를 처방받아 약물치료를 합니다.

감염성 원인이 아니라면, 약물치료와 함께 식단관리를 해야 합니다. 감염성 원인이 아니라면, 약물치료와 함께 식단관리를 해야합니다. 가장 편한 방법은 알러지를 유발하지 않도록 만들어진 저알러지 사료를 이용하는 것입니다. IBD가 있을 때는 식단 관리가 굉장히 중요하므로 수의사와 상담을 바탕으로 꾸준하게 진행합니다. 건강에 좋을 것이라 생각하여 식이섬유가 많이 함유된 고구마 등을 주는 경우도 있는데 이보다는 우선 반려견이 소화하기 쉽도록 흰쌀을 죽 형태로 불려서 주는 것이 좋습니다.

DOG SIGNAL 119

IBD는 발병 원인을 찾을 수 없는 경우가 대부분입니다. 원인을 알 수 있는 경우 중에선 감염성과 음식 알러지가 비교적 흔한 편인데, 백신과 구충을 주기적으로 잘 해준 반려견의 경우 감염성이 아닐 가능성이 높습니다. 감염성이 아닌 IBD는 완치가 어려우므로 증상완화를 목표로 처방받은 약과 식단을 통해 꾸준히 관리합니다.

이물

먹으면 안 되는 걸 먹었어요

반려견들은 호기심이 많아서 궁금한 것 혹은 맛있어 보이는 것을 입에 넣고는 합니다. 그러다가 먹어서는 안 될 것을 삼키면 건강을 위협하게 됩니다. 만약 평소에 끼던 귀걸이가 떨어졌는데 없어졌다거나 바닥에 놓아둔 스타킹이나 실타래가 사라졌을 때 반려견이 먹은 것 같다는 의심이 들면 바로 동물병원에 갑니다.

우리 강아지, 이물을 먹은 걸까요?

- 배를 만지면 아픈 듯이 낑낑거리고 힘을 줘요
- 입 안이 바짝 말랐어요
- 구토를 해요
- 밥을 안 먹어요
- 설사를 해요
- 힘이 없어 보여요

임상증상은 이물로 인해 장이 폐색된 정도, 위치, 시간, 이물의 종류에 따라 그 정도가 다를 수 있지만, 반려견이 위와 같은 증상을 보인다면 이물로 인해 장이 막히거나 염증이 생기고 있다는 뜻입니다. 이물이 들어간 지 오래되었거나 폐색이 심할 경우, 혹은 이물로 인해 장에 구멍이 생겼다면 심한 합병증으로 인해 이러한 증상이 더욱 두드러질 수 있습니다. 만약 반려견이 이물을 먹은 것이 확실하다면 특별한 증상을 보이지 않더라도 동물병원에 데려가 검사를 받아야 합니다.

어떤 이물이 위험한가요?

반려견들이 흔히 먹는 이물의 종류는 다음과 같습니다.

자두씨, 뼈(닭뼈, 족발뼈, 갈비뼈), 스타킹, 양말, 속옷, 실, 공, 돌멩이, 장난감, 머리끈, 귀걸이 등

이물은 '먹어서는 안 되는 물질'이기 때문에 모두 어느 정도 위험성이 있습니다. 그중에서도 이물의 크기가 클수록, 길이가 길수록, 소화가 되지 않는 성분일수록, 섭취한 시간이 오래되었을수록 장이 틀어막힐 위험이 높기 때문에 더욱 치명적입니다. 딱딱하거나 뾰족한 물질을 먹었을 때에는 장에 구멍이 생겨 장의 내용물이 복강 안으로 나올 수 있습니다. 이렇게 되면 빠르게 염증 반응이 일어나 생명을 위협하는 합병증(복막염, 패혈증)을 유발하게 됩니다. 이때 재빠른 처치를 받지 않는다면 사망할 수도 있습니다.

이물이 독성 성분을 가지고 있을 때에도 위험합니다. 반려견이 독성을 가진 납이나 아연이 포함된 물질을 먹었다면 소화하는 동안 전신 독성을 일으킬 수 있습니다.

사탕 봉지처럼 작은 이물을 먹었을 때에는 무사히 장을 통과하여 변으로 배출될 수도 있으나 그 과정에서 장에 상처를 남기거나 틀어막는 문제를 일으킬 수 있으므로 이 역시 안심할 수는 없습니다.

어떻게 치료하나요?

이물을 섭취한 지 오래되어 장이 많이 손상되고 심한 염증이 있다면 그만큼 위험성은 증가하며 치료는 빠르게 이루어질수록 경과가 좋습니다. 수술을 해서 이물을 제거해주는 것이 일반적이지만 만약 이물이 작아 소화관에 별다른 문제를 일으키지 않는 것으로 검사상 확인되었다면 일정 시간을 두고 검사를 반복하면서 이물이 소화관을 무사히 통과하는지 지켜볼 수도 있습니다. 만일 식도나 위에 머물러 있다면 내시경으로 제거할 수도 있습니다.

집에서 어떻게 해주면 좋을까요?

반려견이 밥을 잘 먹고 배변은 잘 하는지, 활력을 되찾는지 지켜보아야 합니다. 수술 후에는 반려견의 임상증상이 개선되고 식욕이 돌아올 때까지 동물병원에 입원하여 관리를 받는 것이 가장 좋습니다. 특히 이물로 인해 장이 손상되어 심한 전신 염증이 생겼다면 합병증에 대한 지속적인 치료 및 관리가 필요합니다.

DOG SIGNAL 119

이물을 먹은 것이 의심된다면 증상의 유무와 관계없이 동물병원에 데려가 검사를 받는 것이 좋습니다. 동물병원에서 진행되는 검사를 통해 이물이 현재 소화기계 어디에 위치하는지 확인할 수 있습니다. 작은 이물일 경우 검사를 통해 이물이 무사히 소화관을 통과하는 것을 확인해야 하며 그렇지 않다고 판단될 경우에는 즉각적인 수술 등의 치료가 필요합니다.
무엇보다 이물을 집어먹지 않도록 해주는 것이 가장 좋습니다. 반려견이 집어먹을 만한 물건이라면 바닥에서 치우는 것이 안전합니다.

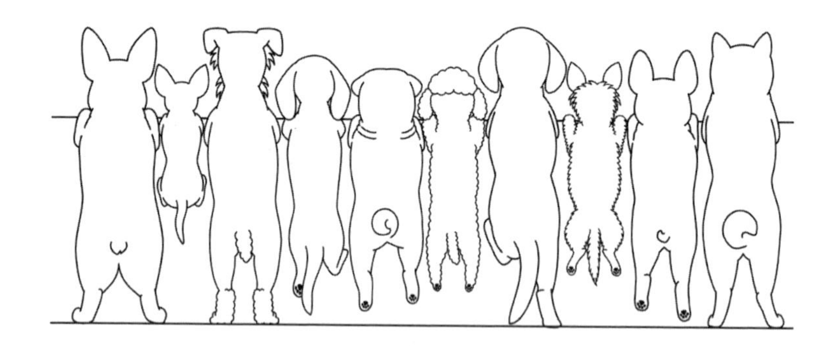

CHAPTER 6

정형외과 · 신경외과

슬개골 탈구

무릎뼈가 잘 빠져요

슬개골 탈구는 반려견을 키우신다면 한 번쯤은 들어봤을 법한 질병입니다. 슬개골은 다른 말로는 무릎뼈라고도 합니다. 뒷다리 무릎 관절에 있는 작은 뼈를 의미합니다. 슬개골 탈구는 우리나라에서 키우는 작은 품종의 반려견에서 매우 흔합니다. 반려견이 뒷발을 어색하게 들고 뛰지는 않는지 걸으면서 아파하지는 않는지 잘 지켜봅니다.

우리 강아지, 슬개골 탈구인가요?

슬개골 탈구란 이 슬개골이 원래 위치에서 벗어나서 안쪽 혹은 바깥쪽으로 빠지는 질병입니다. 주로 우리나라에서 많이 키우는 소형 품종 반려견에서 발생하며 다리 절뚝거림을 유발하는 주요원인입니다.

- 다리에 무게를 싣지 않고 걸어요
- 걷거나 뛰는 도중에 다리를 굽힌 상태로 한두 걸음을 걸어요
- 절뚝거리며 걸어요

슬개골 탈구의 단계

슬개골 탈구의 단계는 심각한 정도에 따라 1에서부터 4까지로 나뉩니다.

정도	증상
단계1	일반적인 수준으로 관절이 움직일 때에는 거의 탈구가 되지 않습니다. 대부분 증상이 유발되지 않습니다.
단계2	슬개골이 가끔씩 탈구되었다가 다시 돌아갑니다. 반려견은 가끔씩 무릎을 굽힌 채 걷는 등의 일시적인 증상을 보입니다.
단계3	슬개골이 대부분 탈구된 상태로 존재합니다. 뒷다리를 절뚝거리거나 오다리로 걷거나 걸음걸이가 짧거나 길을 오르는 것을 어려워하거나 뛰는 것을 꺼려합니다.
단계4	슬개골이 탈구되어 원래 자리로 돌아가기 어려운 상태입니다.

어떻게 치료하나요?

슬개골 탈구의 단계와 증상, 반려견의 나이 등을 고려하여 적절한 치료를 하게 됩니다. 따라서 보호자는 반려견이 절뚝거리는 증상이 심해지지는 않는지 살펴봐야 합니다. 절뚝거리는 증상이 있고 아파하며 나이가 비교적 어린 반려견은 수술이 필요할 수 있습니다. 수술이 필요한데도 수술하지 않으면 반려견이 자라면서 관절염이 심화되고 무릎 관절을 이루는 뼈가 변형될 수 있습니다. 슬개골 탈구 때문에 관절 주위의 변형이 심하게 일어난 뒤에는 수술을 하더라도 지속적으로 다리를 절뚝이는 증상을 보일 수 있습니다.

슬개골 탈구 관리

1. 체중관리

슬개골 탈구가 있는 강아지들의 무릎은 불안정한 상태입니다. 체중이 증가하면 관절에 가해지는 하중이 증가하며, 불안정한 무릎에 더욱 무리를 주어 관절염이 가속화됩니다. 적절한 체중 관리를 통해 무릎 관절의 불안정성을 조금이라도 줄여주어야 합니다.

2. 과격한 운동 자제하기

강아지가 높은 침대나 소파를 오르거나 뛰어내리는 행동은 슬개골 탈구를 더욱 심하게 만들 수 있습니다. 따라서 작은 계단이나 경사면 계단을 설치하여 강아지가 이를 사용하도록 교육시키는 것이 좋습니다.

3. 전침치료

미국국립보건원이 한방요법 중 근골격계질환에 대한 전침치료를 인정했습니다. 보는 한방 요법은 아니고 전침치료만입니다. 수술하기에 애매한 경우 혹은 수술 후 관절 주위 근육량의 증가를 목적으로 하는 경우 전침치료가 도움이 됩니다. 전침치료에 대한 교육이수를 한 믿을 수 있는 동물병원에서 수의사와 상담 후 결정하는 것이 좋습니다.

4. 재활운동

슬개골 탈구 수술 후 재활운동을 통해 회복을 도울 수 있습니다. 슬개골 탈구 수술 후 1주 이내에는 엄격한 운동제한 및 하루 2~3차례 가벼운 5~10분간 운동, 2~4주 이내에는 10~15분간 운동, 4~6주 이내에는 15~20분간 운동, 6~8주 이내에는 20~30분간 운동 등 수술 후 기간에 따라 권고되는 운동시간이 다르며 이는 강아지들의 수술 후 상태 및 회복되는 속도에 따라 달라질 수 있습니다. 따라서 수의사와의 상담을 통해 재활운동의 강도 및 빈도를 정해야 합니다. 또한 운동시에는 강아지가 과격하게 움직이지 못하도록 리드줄을 짧게 잡고 천천히, 뛰지 않도록 해주어야 합니다.

관절운동

관절운동은 관절이 움직이는 범위 안에서 무릎을 굽혔다가 펴는 동작을 반복하여, 슬개골 탈구로 인해 위축되었던 근육을 쓰게 해주고 혈액순환과 림프순환을 돕는 운동입니다. 반려견을 옆으로 눕힌 후, 지면에 닿지 않는 발부터 천천히 관절운동을 해줍니다. 하루에 2~3번씩 10회 정도가 좋습니다. 이 운동은 슬개골 탈구 수술 후 4~6주까지 진행하며 정확한 기간은 수의사와의 상담하여 결정합니다. 슬개골 탈구 1단계인 반려견에게도 관절운동을 통해 위축된 무릎 주위 근육을 강화시켜주면 도움이 됩니다.

강아지 스쿼트

간식을 이용하여 강아지가 앉았다 일어났다 하는 동작을 반복할 수 있도록 합니다. 이 운동은 뒷다리를 이루는 모든 관절을 움직이게 하고 무릎 주위 근육 강화에 도움을 줍니다. 하루에 3~4번씩 5~7회 정도 하면 좋습니다. 슬개골 탈구 수술 후 2~8주까지 진행하며, 정확한 기간은 수의사와의 상담 후 결정하는 것이 좋습니다.

다리 마사지

강아지의 무릎 위 허벅지 부분을 부드럽게 주물러줍니다. 관절운동을 하기 전후로 해주면 좋으며 2~3분 정도면 충분합니다.

DOG SIGNAL 119

말티즈, 시츄, 푸들, 치와와 등의 소형 품종 반려견이 절뚝거리거나 다리를 굽히고 걷는다면 슬개골 탈구는 아닌지 검사를 받아야 합니다. 소형견에서 슬개골 탈구는 흔하기 때문에 소형견을 키운다면 평소의 걷는 모습을 주의 깊게 관찰합니다. 슬개골 탈구가 있다면 관절의 변형이 심해지기 전에 수술이 필요할 수 있습니다. 또한 적절한 운동, 체중조절, 식이요법 등이 관리에 도움이 됩니다.

골관절염

강아지가 절뚝거려요

반려견의 관절염은 주로 관절을 이루는 뼈, 연골 그리고 관절낭의 노령성 변화로 발생하며 점차적으로 진행되는 질환입니다. 치료를 해도 원래 상태로 회복하기는 어렵지만 관절염 진행 속도를 늦추고 염증을 완화시키는 데 도움을 줄 수 있습니다.

우리 강아지, 관절염일까요?

반려견이 관절염을 앓고 있다면 다음과 같은 증상을 보일 수 있습니다.

- 한쪽 다리를 들고 다녀요
- 걸음이 느려졌어요
- 계단을 오르고 내리는 것을 싫어해요
- 운동한 후에 쉽게 지쳐요
- 만지면 소리를 지르거나 물려고 해요
- 아픈 다리를 자꾸 핥거나 물어요

노령성 변화는 다리 관절뿐만 아니라 척추에도 생길 수 있습니다. 척추 쪽에 관절염이 생기면 목을 잘 들지 못하거나, 허리를 활처럼 구부리거나, 혹은 반려견을 쓰다듬거나 안을 때 소리를 지르는 증상을 보일 수 있습니다.

관절염이 심하지 않다면 반려견이 휴식을 취한 뒤 움직일 때에만 다리를 절거나 움직임을 불편해하는 증상을 보이고 운동할 때에는 별다른 증상을 보이지 않을 수 있습니다. 관절염이 더 진행되었다면 반려견이 운동할 때 혹은 운동을 하고 난 후 다리를 저는 증상이 뚜렷하게 나타나는 편입니다.

반려견이 과도하게 움직이거나 관절에 순간적인 충격을 받은 경우에는 급성으로도 관절염이 유발됩니다. 보통 노령성 변화로 인한 관절염은 서서히 진행되기 때문에 대개 관절염이 오래 지속된 뒤에야 증상이 뚜렷하게 나타납니다. 따라서 노령견에서는 관절염 증상이 흔하게 확인됩니다. 반려견에게 관절염의 증상이 관찰된다면 더 진행되지 않도록 동물병원을 다니며 관리해주는 것이 중요합니다.

발병 원인

대부분 관절염은 다음의 원인에 의해서 발생합니다.

- **선천적인 관절의 이상**
- **관절의 불안정성 (부분탈구, 탈구)**
- **과도한 움직임 및 충격으로 인한 관절의 손상**
- **노령성 변화**

반려견의 관절염은 주로 무릎관절(슬관절)과 엉덩관절(고관절)에서 잘 생기는 편입니다. 특히 슬개골 탈구나 전십자인대 파열이 있는 반려견에서는 무릎관절염이, 선천적으로 엉덩관절의 아탈구가 있는 반려견에서는 엉덩관절염이 유발될 수 있습니다.

어떻게 치료하나요?

관절염은 관리를 통해 더 이상의 악화를 막는 것을 목표로 합니다.

통증과 염증 치료하기

약물치료는 수의사의 판단하에 진행합니다. 일반적으로 통증과 염증에 대한 약물처치를 합니다. 다수의 반려견에서 관절염은 만성질환으로 장기약물치료를 통한 관리가 필요하며 대부분 효과적으로 관리됩니다. 다만 일부 약물은 복용시 안전성 확인을 위해서 동물병원에서 검사를 하며 주기적인 관리를 받아야 합니다. 경우에 따라 갑작스러운 약의 중단은 심한 소화기계 문제를 유발할 수도 있습니다. 따라서 수의사와의 상담 없이 임의로 약물 복용을 중단하는 것은 위험합니다.

물리치료 받기

각종 물리치료 혹은 침술을 통해 관절염 완화를 돕는 경우도 있습니다.

집에서 어떻게 해주면 좋을까요?

라이프 스타일에 적응하기

일정 기간 움직임 제한 ▶ 점차 가벼운 운동부터 시작 ▶ 규칙적인 운동

반려견의 상태에 따라 차이는 있지만, 관절염으로 진단되었다면, 4주 정도 활동을 제한하면서 새로운 라이프 스타일에 적응할 준비를 합니다. 이 기간 동안 반려견이 높이 뛰거나 빠르게 속도를 바꾸는 등 관절에 무리가 가는

활동을 하지 않도록 금지시켜야 합니다.

운동제한을 통해 관절염의 증상이 줄어들었다면 점차적으로 가벼운 운동부터 시작합니다. 관절염의 증상이 나타나지 않는 수준까지 운동의 양을 점차 늘려 줍니다. 이 범위 내에서 규칙적으로 운동을 시킵니다. 운동 정도는 증상이 다시 보이는 정도가 아니면 제한하지 않습니다.

체중 관리하기

비만은 관절염을 유발하고, 관절염이 있는 경우에는 진행을 가속화합니다. 관절염 환자에서 비만은 반드시 피해야 하며 칼로리를 조절하여 반려견의 몸을 건강하게 유지합니다.

영양 보조제 주기

글루코사민, 필수지방산과 같은 보조제가 도움이 될 수 있습니다. 반려견에서 글루코사민 그리고 필수지방산이 관절염 관리에 효과를 보인다고 알려져 있습니다. 이러한 성분이 포함된 영양보조제를 주거나 관절염 전용 처방식 사료를 먹여도 좋습니다. 무엇보다 비만인 반려견이라면 식이조절을 통한 체중감량이 우선입니다.

DOG SIGNAL 119

관절염에 걸린 반려견은 다리를 절거나 걷기를 싫어합니다. 관절염은 진행성 질병이기 때문에 치료와 관리를 통해 더 악화되지 않도록 신경을 써줍니다. 적절한 수준의 운동과 적정체중 유지가 중요합니다.

추간판 질환 (디스크)

강아지도 디스크에 걸려요

사람에게 나타나는 경추 디스크나 허리 디스크 질환이 반려견에게도 나타납니다. '사람은 직립보행하여 디스크에 걸리지만 개는 디스크에 안 걸린다'는 속설은 사실이 아닙니다. 디스크는 비교적 반려견에서 흔한 질병이며, 지속적인 치료와 관리가 필요합니다.

우리 강아지, 디스크일까요?

목 디스크 질환 증상

목 디스크 질환이 있는 반려견이 주로 나타내는 증상은 목 통증입니다. 그렇다면 반려견들이 목 통증이 있는지 어떻게 알까요?

- 걷기를 싫어해요
- 계단을 오르내리는 것을 꺼려해요
- 머리를 올리거나 내리는 것을 꺼려해요
- 만졌을 때 목 근육 쪽에 경련이나 긴장감이 느껴져요
- 목이나 머리를 만지는 것을 싫어해요

반려견이 위와 같은 행동들을 어느 순간부터 보이기 시작했다면 목 통증으로 인한 증상일 수 있습니다.

허리 디스크 질환 증상

반려견이 허리 디스크 질환이 있다면 등 쪽 통증을 호소합니다.

- 걷기를 싫어해요
- 계단을 오르내리는 것을 꺼려해요
- 가구에 점프하는 것을 싫어해요
- 복부를 만졌을 때 긴장감이 느껴져요
- 무기력하며 놀거나 들어올릴 때 민감하게 반응해요

단순한 통증 말고도 ,반려견이 서 있을 때 자세를 잘 못 잡고 휘청거리는 것, 발을 바닥에 끌고 다니거나 자꾸 헛디디는 것, 배변 배뇨를 스스로 잘 하지 못하는 것, 후지마비나 사지마비, 모두 디스크 질환이 있을 때 나타나는 증상들입니다. 마비 혹은 배변 배뇨를 스스로 잘 하지 못하는 증상을 보인다면 최대한 빨리 동물병원에 가서 진료를 받는 것이 좋습니다.

발병 원인

디스크는 척추뼈 마디 사이에 있는 구조물로 충격을 흡수하고 척추를 구조적으로 안정화시켜주는 역할을 합니다. 반려견도 나이가 들면서 신체에 노령성 변화가 발생하는데 디스크에도 이러한 변화가 생깁니다. 노령성 변화가 생긴 디스크는 탄력이 줄어들고 약해지면서 원래 위치에서 쉽게 벗어나며 주변에 있는 척수와 신경근을 압박하여 신경증

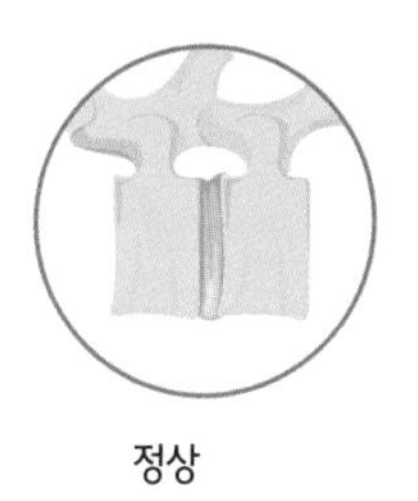
정상

추간판 질환

상이 나타납니다. 물론 노령성 변화 외에도 외상이나 갑작스런 충격으로 인해 디스크의 위치가 바뀌거나 터져서 증상이 나타날 수도 있습니다.
라사압소, 시츄, 비숑 프리제, 닥스훈트, 페키니즈, 코카 스파니엘, 비글 등의 품종에서는 어린 나이부터 다른 종보다 더 많은 비율로 디스크 질환이 나타나는 경향이 있습니다.

어떻게 치료하나요?

반려견이 디스크 질환이면 운동제한은 필수입니다. 특히 반려견을 수직으로 들어 올리거나 아기를 안듯이 뒤집어 안으면 질환이 있는 부위에 자극을 주어 신경 손상이 심해질 수 있습니다. 디스크 질환의 치료목적은 척수압박의 해소와 증상완화입니다. 증상의 정도와 MRI 등의 영상검사 결과에 따라 약물치료 또는 수술 여부를 결정합니다. 디스크가 척수를 얼마나 압박하고 있는지, 이로 인한 척수신경의 손상은 심한지 등을 고려합니다. 약물치료 동안 또는 수술 후 일정 기간에는 절대적으로 안정해야 하므로 입원이 필요할 수 있습니다.

DOG SIGNAL 119

개들은 디스크에 안 걸린다는 건 낭설입니다. 척추가 있는 부위를 만졌는데 아파한다거나 들어 안아줄 때 소리를 지르거나 갑작스럽게 잘 걷지 못하는 증상을 보이면 디스크 질환이 있을 수 있습니다. 반려견이 무리해서 움직이지 않도록 조치하고 최대한 몸이 구부러지지 않도록 한 상태로 가급적 이동장을 이용해 동물병원에 가는 것이 좋습니다.

발작

몸을 움찔거리며 떨어요

발작은 뇌에서 과도하거나 비정상적인 신경활성으로 나타나는 증상입니다. 발작은 뇌질환 혹은 다른 장기에서 생긴 질병 때문에 생길 수 있습니다. 특별한 원인을 파악하기 어려운 경우도 많습니다.

사실은 발작이 아닐 수도 있다?

실신과 발작을 구별하기 어려울 수 있습니다. 실신은 뇌로 산소나 포도당의 공급이 감소되어 발생하는 것으로 원인은 다르지만 증상이 비슷하게 보일 수 있습니다. 보호자가 반려견이 보였던 행동을 동영상으로 촬영하여 수의사에게 보여주면 이 둘을 구분하는 데 도움이 되는 경우도 있습니다.

발작, 어떤 행동을 보이나요?

몸이 수축하면서 굳거나 떠는 증상이 가장 흔하게 나타납니다. 팔, 다리, 턱 혹은 온 몸이 이런 증상을 보일 수 있으며 반려견이 의식을 잃고 구토를 하며 침을 흘리거나 소변이나 대변을 볼 수도 있습니다. 고개를 돌리거나, 근육이 움찔거릴 수도 있습니다.

발작은 3가지 단계로 나뉩니다.

발작은 한 번만 할 수도 있지만 몇 회가 반복되어서 나타날 수도 있습니다. 또한 5분 이상 지속적으로 발작을 보일 수도 있습니다. 발작은 다음 3단계로 나뉩니다.

발작 전 단계	발작 전 몇 시간에서 며칠 전의 단계입니다. 갑자기 주의를 끌거나 불안한 듯이 돌아다니는 등 평소에 하지 않던 이상 행동을 할 수 있습니다.
발작	발작 그 자체에 해당되는 단계입니다. 몇 초에서 몇 분이 일반적입니다.
발작 후 단계	발작 이후 단계로 몇 시간까지 지속될 수 있습니다. 반려견은 행동변화, 방향감각 이상, 갈증, 식욕 증가 등의 증상을 보일 수 있습니다.

발병 원인

수의사에게 발작이 시작된 나이, 발작의 빈도와 지속시간, 발작기와 발작 후기에 반려견이 보이는 행동, 발작기 사이에 보이는 이상 행동 등에 대해 상세하게 말해야 합니다. 또한 독성물질에 노출된 적은 없는지, 최근에 머리를 다친 적은 없는지, 앓고 있는 질병은 없는지 알려주면 수의사가 원인을 파악하는 데 도움이 됩니다. 발작의 원인은 크게 2가지로 나눕니다.

뇌의 문제

특발성 간질, 종양, 염증 및 감염, 선천적인 이상(뇌수두증, 후두공 이형성증), 외상, 출혈, 경색

뇌 이외의 문제

독성물질 노출, 다른 장기의 문제(간, 신장), 저혈당

상세 원인을 정확히 파악하기 위해서는 환자의 상태에 따른 면밀한 검사(예로, MRI, CT 등)가 필요합니다.

일반적으로 나이가 어린 반려견은 선천적인 문제로 발작을 보일 가능성이 높습니다. 반면 나이든 반려견은 종양이나 혈관 이상 또는 뇌 이외의 장기의 기능이 떨어져 발작을 할 가능성이 높습니다. 검사결과 발작을 일으킬 만한 특별한 원인이 없었다면, 이런 경우의 발작은 특발성 간질이라고 하며, 이는 6개월에서 5살 사이에 처음으로 나타나는 편입니다.

어떻게 치료하나요?

한번 발작을 한 반려견은 나중에 또다시 발작을 할 가능성이 있습니다. 우선 발작을 했다면 다음 발작이 시작되기 전에 동물병원에서 진료를 받도록 합니다.

발작 치료의 목표는 완치가 아니라 적절한 관리입니다. 반려견의 발작은 약물치료로 잘 관리할 수 있습니다. 발작이 매 3~4개월 이상 빈번히 발생하는 경우, 발작의 빈도나 심각도가 증가한 경우, 발작을 보이는 시간이 늘어난 경우 모두 치료가 필요합니다. 만일 검사 결과 발작이 다른 질병으로 인해 생긴 것이라면 해당 질병에 대한 치료도 받아야 합니다.

집에서 어떻게 해주면 좋을까요?

발작은 보통 산책하거나 활동을 할 때보다 자거나 휴식을 취하고 있을 때 발생합니다. 반려견이 집에서 발작을 보인다면 보호자는 최대한 차분하고 조용하게 기다려야 합니다. 발작이 얼마나 오래 지속되는지 어떤 양상을 보이는지 기록합니다. 가능하면 동영상을 촬영하는 것이 좋습니다. 이를 통해 반려견의 증상을 확인할 수 있으며 수의사가 진단하는 데 도움을 줄 수 있습니다. 반려견이 다칠 수 있는 물건이나 가구들은 치워주고 고개가 심하게 꺾였다면 호흡에 문제가 생기지 않도록 목을 30도 정도로 들어줍니다. 이때는 물리지 않도록 주의합니다. 무엇보다 발작이 5분 이상 지속된다면 응급상황이므로 바로 동물병원에 데려가야 합니다.

DOG SIGNAL 119

처음 반려견이 발작을 보이면 놀라서 제대로 대처하기 어려울 수 있습니다. 만일의 상황에 대비해서 어떻게 대처할지 이미지 트레이닝을 한 번 해봅니다. 발작 자체의 시간은 대부분 1~2분 정도입니다. 침착하고 차분하게 주위에 있는 위험한 물건들을 치웁니다. 발작 행동을 기억해두거나 영상 등으로 기록합니다. 어느 정도 안정이 되었다면 반려견을 푹신한 것으로 보호해주면서 동물병원으로 가서 진료를 받습니다. 만약 발작이 멈추지 않고 5분 이상 지속된다면 반려견을 빨리 동물병원으로 데려가 응급처치를 받습니다.

치매

노령견의 인지장애

노령견이 갑작스런 행동변화를 보이거나 대소변을 가리지 못한다면 인지장애증후군일 수 있습니다. 이는 반려견에서 나타나는 치매를 일컫는 말입니다. 보통 대형견에서는 7살, 소형견에서는 8살을 일생의 후반기가 시작되는 시기로 보며 인지장애는 흔히 10살이 넘어서 생길 확률이 높습니다.

우리 강아지, 인지장애일까요?

인지장애증후군의 증상은 크게 'A DISH'로 정리할 수 있습니다. 반려견이 노령이고 아래와 같은 행동변화를 보인다면 인지장애일 수 있습니다.

A(Activity) : 활력 변화가 나타납니다

- 반려견을 부르거나 간식을 주면 반응이 느려요
- 새로운 것에 대한 호기심이 줄었어요
- 활력이 떨어졌어요

D(Disorientation) : 방향감각을 상실합니다

- 집에서 길을 잃어요
- 벽을 멍하니 쳐다봐요
- 집 안을 배회해요

I(Interaction) : 보호자와의 교류가 달라집니다

- 가족을 잘 못 알아봐요
- 인사 행동이 줄었어요
- 갑자기 분리불안이 생겼어요
- 순한 성격이었는데 최근 공격적으로 변했어요

S(Sleep patterns) : 수면주기가 변합니다

- 낮에 실컷 자고 밤에 깨어 있어요
- 밤에 집 안을 돌아다니고 울부짖어요

H(House training) : 훈련했던 것들을 잊어버립니다

- 배변 배뇨 실수를 해요
- 예전에 하던 '앉아', '손'을 알아듣지 못해요

인지장애의 진단은?

수의사와의 면밀한 상담

보호자가 느끼는 반려견의 행동변화와 그 시기를 수의사에게 자세히 말하는 것이 진단에 있어서 매우 중요합니다. 인지장애는 '행동변화'가 증상의 핵심이기 때문입니다.

다른 질환의 배제를 위한 검사

진단을 하려면 다른 원인을 배제해야 합니다. 감염성 질환, 뇌염, 종양, 대사성 질환, 내분비계 질환에 의해서도 인지장애와 유사한 증상이 나타날 수 있기 때문입니다.

어떻게 치료하나요?

동물병원에서 치료

반려견의 인지장애 증상이 생활에 지장을 주지 않을 정도라면 특별한 치료가 필요하지 않습니다. 하지만 증상이 심하여 반려견과 보호자의 생활에 영향을 끼치는 정도라면 약물을 복용하거나 보조제를 먹이는 것이 도움이 될 수 있습니다. 수의사와의 상담을 통해 적절한 약물과 보조제 선택 및 용량 조절이 필요합니다. 반려견마다 치료효과는 다를 수 있습니다.

산책 열심히 하기

정신적인 운동을 위해서도 산책이 필요합니다. 집에만 있으면서 똑같은 장소에서 똑같은 밥을 먹으면 정신적인 자극과 활동이 약합니다. 산책을 하면서 새로운 자극을 주는 것이 좋습니다. 반려견이 걷지 못하는 경우에는 가방이나 유모차에 태워서라도 함께 산책을 합니다.

많이 씹도록 해주기

씹는 활동도 일종의 자극입니다. 나이가 들었다고 해서 사료를 불려서 주는 것이 꼭 좋은 것만은 아닙니다. 오히려 인지장애가 있는 반려견들은 사료 알갱이가 큰 것으로 바꿔주는 것이 더 도움이 됩니다.

방석으로 낮과 밤을 구별해주기

수면주기가 바뀐 반려견의 경우 낮에는 약간 불편한 방석을 깔아주고 밤에는 편한 방석을 깔아주어 낮과 밤을 구별하는 데 도움을 줄 수 있습니다.

배변 배뇨 공간을 계속해서 인지시켜주기

인지장애의 가장 흔한 증상이 배변 배뇨 실수인 만큼 다시 훈련을 하면서 배변 배뇨 공간을 인지시키는 것이 좋습니다. 이렇게 해도 실수가 계속된다면 기저귀를 채우는 것도 방법입니다.

DOG SIGNAL 119

반려견 인지장애는 관리가 중요한 질환입니다. 살면서 우리에게 큰 행복을 준 반려견을 위해 약간의 시간을 투자하여 인지장애를 극복하며 살아갈 수 있도록 해주는 것이 좋습니다. 반려견이 나이가 드는 것은 다시 어린 강아지가 되는 것과 같습니다. 어린 강아지였던 때처럼 똑같이 사랑을 주고 관심을 가져주세요.

CHAPTER 7
내분비계

당뇨병

내분비 만성질환

당뇨병은 인슐린 호르몬이 부족하거나 기능을 제대로 하지 못해서 발생합니다. 인슐린은 췌장(이자)에 있는 베타 세포에서 생성됩니다. 반려견의 당뇨병은 대부분 췌장의 베타 세포가 파괴되어 인슐린이 부족해져서 발생합니다. 반려견이 비만, 호르몬 질환(쿠싱증후군, 갑상선질환 등), 췌장염을 앓고 있다면 당뇨병에 걸릴 위험이 높으니 더욱 주의해야 합니다.

우리 강아지, 혹시 당뇨병일까요?

- 물을 너무 자주 마셔요
- 오줌을 많이 싸요
- 많이 먹는데도 체중이 감소해요
- 구토를 해요
- 탈수 증상이 있어요
- 쓰러졌어요

당뇨병은 7~8살 이상의 반려견에서 주로 발생합니다. 반려견이 물을 많이 마시고 오줌을 많이 싸는 것을 보호자가 이상하게 여겨서 동물병원에 갔다가 당뇨병을 발견하는 경우도 많습니다. 따라서 7~8살 이상의 반려견을 키운다면 주기적으로 음수량을 체크해보는 것이 필요합니다. 24시간 동안 마신 물의 양이 체중 1kg당 100ml 이상이면 아픈 것일 수 있습니다. 예를 들어 강아지가 5kg일 때 하루에 마시는 물의 양이 500 ml 이상이라면 동물병원에서 진료를 받도록 합니다. 또한 당뇨병에 걸리면 많이 먹는데도 불구하고 체중이 감소할 수 있습니다. 장기간 당뇨병이 진행된 경우 활력이 떨어지며 구토, 탈수, 쓰러짐 등의 증상도 보일 수 있습니다.

갈증이 나고 오줌을 많이 싸는 이유

인슐린은 세포가 혈액에 있는 포도당을 흡수해서 잘 이용하도록 돕습니다. 따라서 인슐린이 부족하면 세포는 포도당을 이용하지 못하고 혈액 중에 포도당이 쌓여 혈당수치가 증가합니다. 포도당은 소중한 영양성분이므로 신장에서는 포도당을 다시 흡수하여 오줌으로 빠져나가는 것을 막습니다. 하지만 당뇨병에 걸리면 포도당이 너무 많아져서 신장에서 다시 흡수할 수 있는 한계를 넘기 때문에 오줌으로도 포도당이 배출됩니다.

오줌으로 포도당이 빠져나가면 오줌의 삼투압이 증가합니다. 삼투압을 따라 물이 오줌으로 이동하므로 오줌 양이 평소보다 늘어납니다. 따라서 오줌으로 물이 많이 나가고 이로 인해 부족한 물을 채우기 위해 반려견은 물을 많이 마십니다. 반려견이 물을 충분히 못 마시면 금방 수분부족 상태가 되어 탈수에 빠질 수 있습니다. 따라서 당뇨병에 걸린 반려견을 키운다면 마실 물이 없는 사태가 발생하지 않도록 물을 충분히 주어야 합니다.

많이 먹어도 살이 빠지는 이유

뇌에는 포만중추가 있는데 이는 식욕을 조절하는 역할을 합니다. 포만중추의 세포도 인슐린이 부족하면 포도당이 많아도 사용하지 못합니다. 결과적으로 포만중추에서는 포도당이 늘 부족하다고 느끼며 반려견은 원래보다 많이 먹게 됩니다.

인슐린은 세포가 포도당을 가져가서 사용하는 것을 돕습니다. 인슐린이 부족하면 포도당이 충분히 있더라도 세포가 포도당을 사용하지 못하기 때문에 실제로는 포도당 결핍 상태에 빠지게 됩니다. 따라서 잘 먹더라도 에너지로 포도당을 사용하지 못한 채로 빠져 나가기만 하여 체중이 감소할 수 있습니다.

어떻게 치료하나요?

만일 당뇨병이 장기간 방치된다면 당뇨병 케톤산증이 발생할 수 있으며 이는 심각한 응급상황에 해당됩니다. 또한 잘 관리를 못하면 에너지 결핍 상태에 빠질 수 있고 각종 합병증이 발생할 가능성이 높아집니다. 예를 들어 소변에 영양분인 포도당이 많으면 세균이 증식하기 쉽기 때문에 세균성 방광염에 걸리기 쉽습니다. 따라서 당뇨병으로 진단받았다면 적극적으로 치료를 받아야 합니다.

당뇨병의 치료를 위해서는 인슐린 주사가 필요합니다. 반려견의 상태에 맞게 적절한 용량의 인슐린을 주사하는 것이 중요하며, 이를 파악하기 위해서는 동물병원에 입원하여 지속적인 혈당의 변화를 체크하는 것이 필요할 수 있습니다. 적정 인슐린 용량을 찾았다면 수의사의 처방에 따라 보호자가 집에서 반려견에게 인슐린 주사를 주어야 합니다. 수의사의 지시에 따라 알맞게 인슐린 주사를 해야 효과가 있으며, 주사 용량을 보호자 임의대로 조절하는 것은 절대 금물입니다.

집에서 어떻게 해주면 좋을까요?

당뇨병에 걸린 반려견과 생활한다면 생활 전반에 대한 지속적인 관리가 필요합니다. 적정체중과 체형을 유지하는 것이 중요하므로 주기적으로 체중을 체크해야 합니다. 신생아용 체중계나 반려동물용 체중계를 이용하면 보다 정확한 체중을 잴 수 있습니다. 보호자는 당뇨병에 걸린 반려견이 다양한 복합증에 걸릴 위험이 있다는 점을 인지해야 합니다. 당뇨병 환자에서는 세균성 방광염이 복합증으로 많이 발생합니다. 따라서 당뇨병이 있다면 오줌에서 악취가 나지 않는지 확인하고 평소와 다른 냄새가 난다면 동물병원에 가서 진료를 받도록 합니다.

반려견이 갑자기 의식을 잃었다면 응급으로 동물병원에 가야 합니다. 이때 집에서 설탕물을 타서 반려견의 잇몸에 문질러주고 반려견이 설탕물을 삼킬 수 있다면 설탕물을 조금씩 먹여줍니다.

식단 관리는 이렇게 해주세요

당뇨병이라면 지속적인 식이관리가 필요합니다. 저탄수화물 고섬유질 식이로 식단을 구성해줍니다. 저탄수화물 고섬유질로 식단을 바꾸면 혈중 포도당수치 변화를 최소화할 수 있습니다.

DOG SIGNAL 119

반려견의 당뇨병은 주로 인슐린 부족으로 발생합니다. 인슐린 치료를 받으면서 관리를 잘 해주어야 합니다. 물을 충분히 못 마시면 금방 탈수에 빠질 수 있으므로 항상 물을 충분히 주어야 합니다. 고섬유질 식이로 챙겨주고 체중 변화나 활력 변화를 살피고 기록하는 습관을 들이면 좋습니다.

에디슨병

부신피질기능 저하증

부신피질기능 저하증이란 부신피질 호르몬이 결핍되거나 적게 분비되는 질병으로 일명 에디슨병*Addison's disease*이라고 합니다. 호르몬 질환은 약물로 관리해야 하기 때문에 필히 전문가에게 치료를 받아야 합니다.

우리 강아지, 에디슨병일까요?

에디슨병에 걸리면 다음과 같은 증상을 보일 수 있습니다.

- 체중이 감소했어요
- 오줌을 많이 싸요
- 물을 많이 마셔요
- 입 안의 점막이 건조해요
- 잠을 많이 자요
- 의식이 없어요
- 기운이 없어요
- 밥을 잘 안 먹어요
- 구토를 해요
- 설사를 해요

사실 에디슨병에서만 관찰되는 특별한 증상이 없습니다. 반려견들이 아플 때 흔하게 보이는 증상들이 대부분입니다. 때문에 대수롭지 않게 생각하기 쉽습니다. 하지만 이 질환을 계속 방치하게 되면 결국 다른 장기들까지 망가질 수 있어 처음 병이 생겼을 때보다 상태가 악화됩니다.
심지어 의식을 잃고 쓰러져서 위험에 빠질 수도 있습니다. 따라서 증상을 간과하지 말고 진료를 받는 것이 좋습니다. 부신피질기능 저하증은 청년기나 중년기의 반려견에게 주로 발생하고 암컷에서 더 잘 생긴다고 알려져 있습니다.

발병 원인

에디슨병과 관련이 있는 부신피질에서 나오는 호르몬은 미네랄로코르티코이드와 글루코코르티코이드, 두 가지입니다. 미네랄로코르티코이드는 신장에서 물을 다시 흡수하는 역할을 합니다. 이 호르몬이 부족하면 물이 다시 흡수가 잘 안 되고 소변으로 나가 소변의 양이 많아집니다. 물이 소변으로 많이 빠져 나가므로 쉽게 탈수가 될 수 있으며 그 결과물을 많이 마십니다. 또한 미네랄 불균형 상태가 되고 이는 심장에도 악영향을 줍니다.

글루코코르티코이드는 단백질과 지방으로부터 포도당을 만들어냅니다. 포도당은 우리 몸의 에너지원이기 때문에 글루코코르티코이드는 에너지를 내는 데 한몫하는 호르몬입니다. 따라서 결핍시 에너지원이 줄기 때문에 허약, 체중감소, 식욕감소가 나타납니다.

이러한 증상들이 계속되면 신장, 위장관의 기능도 나빠지기 때문에 구토, 설사 등의 증상도 나타날 수 있습니다.

간혹 부신피질기능 저하증에 걸린 반려견이 실신하거나 심한 설사, 구토 등 갑작스런 임상증상을 보이기도 합니다. 이런 응급상황이 발생한 경우 동물병원에 빨리 데려가 치료를 받아야 합니다.

어떻게 치료하나요?

글루코코르티코이드 및 미네랄로코르티코이드의 부족이 병의 원인이기 때문에 이를 보충해주는 약물처치로 장기간 관리해야 합니다. 호르몬 관련 약물이므로 반드시 수의사와 상담 후에 복용해야 합니다.

집에서 어떻게 해주면 좋을까요?

고구마와 같이 칼륨이 많이 함유된 음식은 가급적 주지 않는 것이 좋습니다. 또한 소화가 잘되는 음식을 먹이는 것이 도움이 됩니다. 반려견이 에디슨병에 걸리면 위장관계도 약해질 수 있기 때문에 소화에 부담이 가지 않도록 합니다. 반려견에게 스트레스를 줄 수 있는 상황도 피합니다.

DOG SIGNAL 119

반려견이 에디슨병이 있다면 탈수, 식욕감소, 기력저하, 갈증, 소변량 및 횟수 증가 등의 증상을 보입니다. 이 질환은 해당 호르몬의 기능을 대신해줄 수 있는 약물처치로 장기간 관리해야 합니다.

쿠싱증후군

물만 마셔도 살 쪄요

쿠싱증후군은 부신피질 항진증의 다른 말로, 주로 부신피질의 글루코코르티코이드라는 호르몬이 과다하게 나오는 호르몬 질환입니다. 글루코코르티코이드가 과도하면 신진대사에 이상이 생기고 소화기계 질환과 고혈압을 유발합니다. 잘 관리하지 못하면 증상은 심해지고 호르몬의 불균형이 악화될 수 있습니다.

우리 강아지, 쿠싱증후군일까요?

- 등에 탈모 증상이 있어요
- 배가 불룩 튀어 나왔어요
- 갑자기 많이 먹고 살이 쪘어요
- 숨을 쉴 때 헐떡거려요

쿠싱증후군은 주로 7~8살 이상에서 많이 발생합니다. 쿠싱증후군에 걸리게 되면 숨을 쉴 때 헐떡거리는 증상도 심해지고 등에 양쪽으로 대칭적인 탈모가 생길 수도 있습니다. 또한 근육이 위축되고 간이 커지게 되면서 배가 불룩 나오게 됩니다. 게다가 지방의 분포가 복부 쪽으로 몰리기 때문에 반려견이 뚱뚱해 보일 수 있습니다.

반려견의 식욕이 왕성하게 증가하게 되는데 밥도 잘 먹고 통통해지니 아무 이상이 없다고 느낄 수 있지만 이것은 쿠싱증후군의 전형적인 증상일 수 있습니다. 따라서 우리 강아지가 많이 먹고 살도 찌며 물을 많이 먹고 소변도 자주 보고 대칭적인 탈모도 있다면 쿠싱증후군일 수 있으므로 동물병원에서 진료를 받도록 합니다.

발병 원인

쿠싱증후군의 85% 이상이 뇌하수체의 질환 때문에 발생하며 이외에도 부신 종양이 있을 때에도 걸릴 수 있습니다. 스테로이드를 장기간 투여받은 경우에도 발병할 수 있습니다.

어떻게 치료하나요?

쿠싱증후군 대부분은 약물로 관리가 잘 되는 편입니다. 호르몬 질환이므로 정기적으로 동물병원에 가서 반려견의 상태를 확인해야 합니다. 치료를 해주지 않으면 당뇨병, 응고계 문제 등 각종 합병증이 동반될 수 있기 때문에 반드시 치료와 관리가 필요합니다. 부신에 종양이 있다면 수술이 필요할 수 있습니다.

DOG SIGNAL 119

쿠싱증후군은 대부분 뇌하수체 이상 때문에 부신피질에서 글루코코르티코이드라는 호르몬이 많이 생성되어 발생합니다. 반려견이 밥을 많이 먹고 살이 찌기에 건강하다고 생각하고 넘어가지 않도록 주의가 필요합니다. 반려견이 쿠싱증후군에 걸렸다면 꾸준하게 검사와 치료를 받으며 관리를 해주어야 합니다.

갑상선기능 저하증

힘이 없고 너무 추워해요

갑상선기능 저하증은 말 그대로 갑상선(갑상샘)의 기능이 떨어지는 질병입니다. 갑상선은 적정 수준의 갑상선호르몬을 만들어서 몸의 대사 작용을 조절합니다. 갑상선호르몬은 에너지를 만드는 대사작용을 촉진시키는 호르몬이며, 줄어들면 에너지가 줄고 이로 인한 증상과 여러 가지 문제가 발생합니다.

우리 강아지, 갑상선기능 저하증일까요?

- 활력이 없어요
- 산책을 하면 잘 안 걸으려고 해요
- 추위를 싫어해요
- 갑자기 살이 쪘어요
- 털이 많이 빠져요
- 얼굴이 부은 것 같아요

갑상선기능 저하증은 주로 2~6살 반려견에서 많이 발생합니다. 갑상선기능 저하증에 걸리면 에너지가 없어져서 기운이 없고 활력도 없고 산책을 하면 금방 힘들어합니다. 그리고 별로 춥지 않은데도 반려견이 추워하면서 따뜻한 곳을 찾고 딱히 많이 먹은 것 같지도 않은데 몸무게가 증가합니다.

또한 피부가 건조하고 털이 빠지며 얼굴이 붓고 쳐질 수 있습니다. 털 빠짐이 심하면 주로 등쪽 부위와 꼬리 쪽에 탈모가 생깁니다. 외이도염에 걸려서 장기간 고생하는 경우도 많습니다.

갑상선호르몬이란?

갑상선호르몬은 세포에게 일을 시키는 호르몬이라고 생각하면 됩니다. 세포의 업무는 영양분을 가지고 세포가 사용할 수 있는 에너지로 만드는 것을 포함합니다. 갑상선호르몬이 부족하면 세포는 평소보다 일을 느리게 합니다. 따라서 갑상선기능 저하증에 걸리면 섭취한 영양분을 에너지로 만드는 과정이 느려집니다.

따라서 몸에 에너지가 줄어들어 기운이 없는 반면 영양분은 몸에 쌓이므로 조금만 먹어도 살이 찌게 됩니다. 반대로 갑상선호르몬이 많아지면 세포가 일을 빨리하게 되어서, 심장이 빨리 뛰고 몸에 열이 나서 더워집니다. 이 때문에 갑상선기능 항진증에 걸리면 사료나 먹이를 많이 먹어도 살이 오히려 빠집니다.

어떻게 치료하나요?

갑상선호르몬을 보충해주는 치료를 반드시 받아야 합니다. 갑상선호르몬은 대사작용에 관여하는 매우 중요한 호르몬입니다. 이 호르몬이 적정 수준으로 관리가 되지 않으면 몸 전체에 영향을 주는 문제들이 발생하므로 반드시 치료를 받아야 합니다.

세균감염성 피부병, 외이도염 등의 질병에 걸리기 쉽고 또한 지방의 대사가 감소하며 지방이 축적되어 비만이 되기 쉽습니다. 혈액 중에 지방이 많아지는 고지혈증에도 걸릴 수 있습니다.

갑상선기능 저하증 환자에선 갑상선호르몬이 적정 수준으로 관리되도록 주기적인 검사가 필요합니다. 임의로 약을 주거나 끊으면 건강에 악영향을 줄 수 있으므로 반드시 수의사의 지시에 따라 복용합니다.

식이조절법

갑상선에서 갑상선호르몬을 만들 때 요오드가 필요합니다. 따라서 요오드 결핍이 있으면 갑상선호르몬을 만들지 못해서 갑상선기능 저하증에 걸릴 수 있습니다. 하지만 반려견의 경우 요오드 결핍보다는 갑상선에 염증이 생겨서 갑상선기능 저하증에 걸리는 경우가 많습니다.

대부분 사료를 통해 균형 잡힌 식사를 하기 때문에 요오드가 부족한 경우는 흔하지 않습니다. 따라서 굳이 요오드 함량이 높은 김, 다시마, 브로콜리, 양배추 등의 음식을 챙겨주지 않아도 괜찮습니다. 다만 반려견이 갑상선기능 저하증으로 진단받았는데 요오드 부족이 고려된다면 수의사의 상담을 통해 영양 설계를 다시 하길 바랍니다.

갑상선기능 저하증에 걸리면 지방의 대사 감소로 인해 비만과 고지혈증에 걸리기 쉽습니다. 반려견이 비만이라면 다이어트 식단 등의 관리가 필요합니다. 섬유질 함량을 늘리면 포만감을 느껴 다이어트와 고지혈증 관리에 도움이 되므로 섬유질 함량을 3~17%로 급여하는 것이 좋습니다.

집에서 어떻게 해주면 좋을까요?

투약 스케줄에 맞춰서 갑상선호르몬 약을 주는 것이 가장 중요합니다. 또한 갑상선호르몬 수치가 적정 수준으로 잘 관리되는지 정기적으로 체크를 받습니다. 갑상선호르몬이 적어도 많아도 문제가 발생하기에 임의로 양을 조절하지 않도록 주의합니다. 갑상선기능 저하증과 관련된 증상들이 개선되는지 잘 체크합니다. 증상이 개선되는 것은 치료에 대한 반응을 볼 수 있는 중요한 지표입니다.

반려견이 갑상선기능 저하증 때문에 부기가 심하다면 부드럽게 쓰다듬어 주면서 마사지를 해주면 도움이 됩니다. 부은 부위를 균일한 압력으로 쓰다듬 듯 매일 5분 정도 마사지해줍니다.

DOG SIGNAL 119

갑상선기능 저하증에 걸린 반려견은 기운과 활력이 없습니다. 춥지 않은데 추워하며 많이 먹지 않는데 살이 찝니다. 모호한 증상이지만 평소와 다르다는 느낌이 든다면 동물병원에서 진료를 받는 것이 좋습니다. 갑상선기능 저하증이라면 갑상선호르몬을 보충해주는 치료를 반드시 받아야 합니다. 약을 제때 주고 체크만 잘 한다면 반려견은 금방 건강한 모습을 찾을 것입니다.

CHAPTER 8
피부과

외이도염

동물병원 방문 원인 1위

외이도염은 귀의 외이도 부분에 염증이 생기는 병을 말합니다. 외이도염은 단순히 가벼운 질환으로 보면 안 됩니다. 수많은 반려견 보호자들이 이 질병으로 동물병원을 찾습니다. 염증 정도에 따라 깊이와 넓이가 다양해 심한 증상을 유발하는 경우도 있고 심해지면 중이염 혹은 내이염까지 진행되어 더 복합적인 문제를 일으키는 경우도 있기 때문입니다.

우리 강아지, 외이도염일까요?

- 머리를 털어요
- 귀를 자꾸 긁어요
- 귀에서 냄새가 나요
- 귀지가 많아졌어요
- 귀가 빨개요

반려견이 외이도염에 걸렸을 때 주로 보이는 증상입니다. 이런 증상을 보이는 경우 동물병원에서 진료를 받는 것이 필요합니다. 외이도염의 원인은 다양합니다. 세균, 효모, 진드기등의 다양한 감염체로 생기거나 피부질환이나 내분비 질환이 문제가 되어 발생할 수도 있습니다. 잘못된 귀청소 방법이나 목욕 방법으로 인해 지속될 수도 있고 반려견의 귀 내부 구조나 품종도 영향을 줄 수 있습니다. 따라서 검사와 상담을 통해서 무엇이 원인인지를 찾아 그에 맞는 치료를 하는 것이 첫 단추를 끼우는 길입니다.

발병 원인

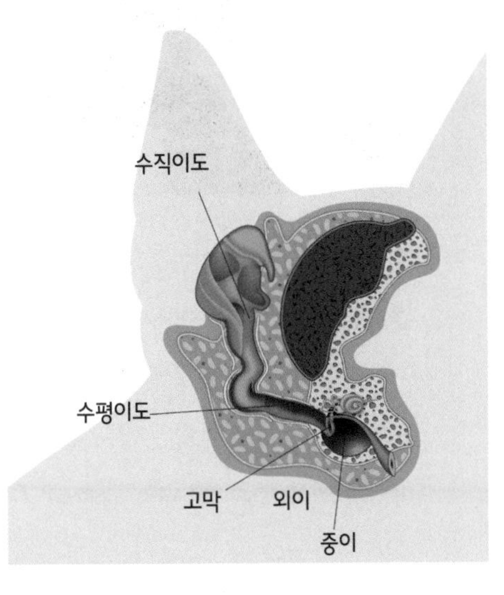

반려견의 귀 구조는 사람과 다릅니다. 개는 사람과 달리 귓길이 길고 꺾여 있습니다. 게다가 코카스파니엘, 말티즈, 시츄 등의 경우 귀가 길게 내려와서 귓구멍이 덮여 있습니다. 축축하고 따뜻하기에 세균, 효모, 진드기 등에게는 천국이 아닐 수 없습니다. 때문에 실제로 많은 경우 감염체로 외이도염이 생겨 동물병원에 옵니다. 간혹 귓길이 딱딱하게 굳어버릴 때까지 치료를 해주지 않아서 온 사례도 있는데 이때는 상태를 되돌리기 어렵습니다. 때로는 다른 피부 질환이 원인이 되어 외이도염이 생길 수 있습니다. 이런 경우 귀만 치료해서는 잘 낫지 않을 수 있으며 진단받은 피부 질환과 함께 관리해주어야 합니다.

집에서 어떻게 해주면 좋을까요?

외이도염을 방치하면 장기간 지속된 염증으로 귓길이 딱딱하게 굳을 수 있습니다. 상태가 많이 악화된 뒤에는 치료하기가 매우 어려워집니다. 외이도염을 오랜 시간 방치했거나 외이도염 치료에도 개선이 잘 되지 않는 경우엔 수술이 필요할 수 있습니다. 따라서 집에서 귀청소를 올바른 방법으로 해

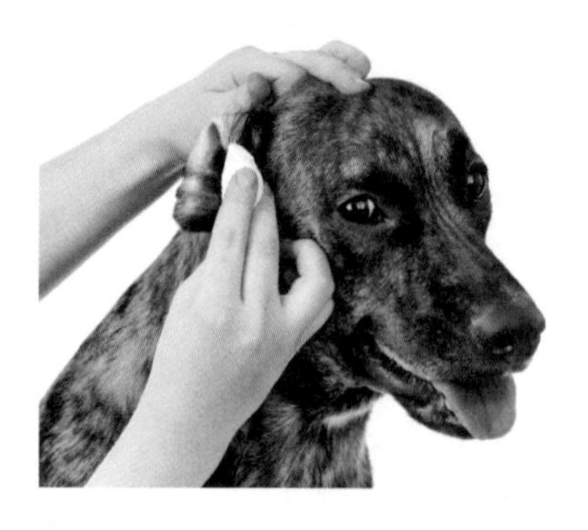

주면서 관리해야 합니다.

잘못된 귀청소 방법은 오히려 병을 키우는 원인이 될 수 있습니다. 외이도염을 이미 앓고 있는 경우 동물병원에서 진료를 받은 뒤에 이에 맞게 귀청소를 하는 것이 가장 좋습니다. 경우에 따라 염증으로 인해 고막이 손상될 수도 있는데 손상된 상태에서 귀청소를 하면 세정액이 고막을 지나 깊숙한 부위까지 들어가서 문제가 될 수 있습니다.

일반적인 경우 세정액을 넣어주고 뽀짝뽀짝 살짝 비벼준 뒤에 화장솜 등을 이용해서 가볍게 닦는 정도로 청소하는 것이 좋습니다. 특히 뾰족하거나 딱딱한 면봉으로 청소하는 것은 삼갑니다. 오히려 귀를 자극해서 병을 키울 수가 있습니다.

반려견이 건강하다면 목욕시킬 때 귀청소도 하는 것이 좋습니다. 귀청소는 너무 자주해도 좋지 않기 때문에 이렇게 하면 적절한 빈도로 귀청소를 할 수 있습니다.

DOG SIGNAL 119

반려견 외이도염의 원인은 다양하므로 원인에 따라 치료법이 달라집니다. 외이도염을 유발하는 감염체(세균, 효모, 진드기 등)가 있는지 혹은 이미 앓고 있는 피부질환이나 내분비 질환이 외이도염을 일으켰는지 또는 귀청소 방법에 문제가 있는 것은 아닌지 등에 대한 종합적인 원인 평가가 필요합니다. 이를 바탕으로 수의사는 감염체 혹은 다른 질환을 고려한 치료 방향을 세우게 됩니다. 올바른 귀청소를 통한 청결 상태 유지는 외이도염 치료에서 상당히 중요합니다. 제대로 된 방법으로 귀를 닦습니다.

아토피

반려견 피부 질환의 대명사

집먼지 진드기나 꽃가루처럼 공기중에 떠다니는 것들은 정상적으로는 문제를 일으키지 않습니다. 하지만 이것들에 알러지 반응이 일어나 피부에 질환이 생기면 이것이 아토피성 피부염이 됩니다. 아토피성 피부염은 음식 알러지나 다른 피부질환과 함께 나타나는 경우가 많습니다.

우리 강아지, 아토피일까요?

- 신체 한 부위를 핥거나 깨물어요
- 탈모가 생겨요
- 피부가 빨개요
- 피부가 딱딱해지고 까매졌어요

아토피가 흔히 생기는 신체 부위는 다음과 같습니다.

눈 주위, 귀, 입 주위, 겨드랑이, 사타구니, 발가락 사이

아토피가 있는 반려견은 주로 이 부위들을 가려워하고 문지르고 핥거나 깨무는 증상을 보입니다. 이로 인해 피부가 빨개지고 비듬이나 딱지가 생길 수 있습니다. 하지만 아토피 초기의 경우 피부에 특별한 이상 없이 가려워하는 증상만 나타나기도 합니다.

동물병원에 오는 반려견 중 이미 아토피를 오랫동안 앓아 만성화된 경우도 많습니다. 이렇게 만성화된 아토피의 경우, 자꾸 아토피가 있는 피부를 긁은 탓에 탈모가 생기고 코끼리 피부처럼 딱딱하고 쭈글쭈글해지며 색소 침착으로 인해 피부가 까맣게 변하는 모습을 보입니다.

아토피의 진단은 반려견의 기본 정보, 증상, 과거의 질병 기록과 함께 다른 피부 질환의 배제를 통해 이루어집니다. 혹시 반려견의 주위 환경이나 사료, 간식의 종류가 바뀌었는지, 기존에 앓았던 피부병은 없었는지 수의사에게 말씀해주시면 진단에 도움이 됩니다.

어떻게 치료하나요?

피부 질환의 원인을 파악하고 원인에 대한 노출을 최소화하는 것이 가장 좋으나 원인을 파악하기 힘든 경우가 많습니다. 이 경우 피부염을 완화시키기 위한 약물 복용 및 피부에 뿌리는 약물 스프레이 등이 적용될 수 있습니다. 아토피는 보통 장기간의 치료가 필요하며 치료 후에도 증상이 재발하지는 않는지 지켜보아야 합니다.

집에서 어떻게 해주면 좋을까요?

약용샴푸를 적용해서 10분간 매주 목욕시켜주었더니 25%의 개에서 가려움증이 줄어들었다는 연구 결과가 있습니다. 즉 적절한 방법으로 잘 씻겨서 피부 청결을 유지해주는 것만으로도 어느 정도 효과가 있습니다. 특히 아토피와 함께 세균, 곰팡이 등의 감염이 의심되는 경우에는 처방받은 약용샴푸를 이용해서 씻기면(약욕) 개선될 수 있습니다. 감염체에 따라서 적용되는

샴푸가 다르고 일부 제품은 보습제 없이는 오히려 건조해지거나 자극을 줄 수 있기 때문에 수의사 상담 후에 피부 상태에 맞는 약용샴푸를 사용해야 합니다. 약용 샴푸가 몸을 씻는 개념보다 치료의 하나로 사용되는 약이라고 생각하고 적용하는 것이 바람직합니다.

DOG SIGNAL 119

아토피성 피부염에 걸린 반려견들은 피부에 가려움증을 느껴 그 부분을 자꾸 핥아 빨개지는 증상을 보입니다. 아토피는 장기간 약물치료가 필요하며 약용샴푸를 적용하면 치료에 도움이 됩니다. 또한 증상이 재발하지 않도록 지속적인 관리가 중요합니다.

농피증

피부에 생긴 세균감염

농피증이란 피부에 세균감염이 이루어져 농이 차는 질환으로 농피증만 생기는 경우보다는 다른 피부 질환과 함께 생기는 경우가 대다수입니다. 반려견의 피부가 빨갛고 여드름처럼 생긴 농이 생기거나 각질이 많아졌다면 농피증을 의심해볼 수 있습니다.

우리 강아지, 농피증일까요?

- 피부에 여드름같이 빨갛고 농이 찬 뾰루지가 났어요
- 피부가 빨개요
- 피부를 간지러워해요
- 동그랗게 각질이 있어요
- 털에 윤기가 없고 비듬이 많아졌어요
- 군데군데 털이 빠져요

농피증이 있는 반려견은 위와 같은 증상들이 몸통, 머리 그리고 발끝에 흔히 나타나지만 몸 어디든지 생길 수 있습니다. 반려견의 몸이 털로 덮여 있어 보호자가 이런 피부 증상들을 쉽게 알아차리지 못할 수 있습니다. 주로 단모종은 군데군데 털이 빠지는 증상이 나타나며 장모종은 털의 윤기가 없어지고 비듬이 많아지는 변화를 보입니다. 이 때 털을 헤집어 반려견의 피부를 자세히 들여다보면 빨갛거나 뾰루지가 난 것을 발견할 수 있습니다.

반려견들이 가려워하는 증상은 아예 없을 수도 있고 매우 심할 수도 있습니다. 농피증이 있다면 반려견 피부에 직접적으로 변화가 나타나므로 피부를 잘 살펴봅니다.

발병 원인

반려견 피부에는 정상적으로 머무는 세균들이 있습니다. 이 세균들이 어떠한 이유로 과도하게 증식하면 농피증이 유발됩니다. 내분비 질환, 다른 피부 질환, 약물 복용 혹은 물리거나 피부를 다치게 되면 피부의 면역능력이 떨어지면서 세균이 많이 증식합니다. 이렇게 2차적인 농피증을 일으키는 원인들은 다음과 같습니다.

- 다른 피부 질환(모낭충증, 곰팡이성 피부염, 아토피, 식이알러지)
- 내분비 질환(갑상선기능 저하증, 부신피질기능 항진증, 성호르몬 불균형)
- 자가면역 질환
- 면역억제제 약물을 복용하는 경우
- 외상, 교상

이 중에서도 아토피성 피부염과 곰팡이성 피부염, 특히 말라세지아 과증식이 농피증을 2차적으로 유발하는 흔한 피부질환들입니다.

어떻게 치료하나요?

농피증은 세균감염이므로 항생제 복용을 통해 치료합니다. 항생제 복용은 농피증의 정도에 따라 먹는 약과 피부에 도포하는 약을 적용할 수 있습니다. 항생제는 보통 3~6주 동안 복용하며, 농피증이 만성이거나 심하게 생겼을 경우 12주까지 치료가 계속되어야 할 수 있습니다. 항생제 복용시에는 임의로 약을 중단하지 않도록 주의합니다. 한편 농피증은 주로 다른 피부질환 혹은 내분비 질환에 동반되기 때문에 이에 대한 치료도 함께 이루어집니다.

집에서 어떻게 해주면 좋을까요?

약용샴푸를 적용해 반려견을 목욕시키는 것이 농피증 치료에 큰 도움이 됩니다. 수의사와의 상담을 통해 적설한 샴푸를 선택한 후 농피증이 어느 정도 개선될 때까지 일주일에 2~3번씩 목욕을 시킵니다. 또한 농피증은 기름지고 습기가 많은 환경에서 더 악화되고 재발할 수 있으므로 해당 부위의 털을 짧게 잘라주는 것이 좋습니다.

DOG SIGNAL 119

농피증은 피부에 세균이 많이 자라면서 농이 생기는 질환입니다. 털에 가려져서 피부 이상이 잘 보이지 않을 수도 있으니 주의해서 살펴봅니다. 반려견에서 농피증은 다른 피부질환에 의해 2차적으로 흔히 동반되며 약 3~6주의 약물 복용을 통해 치료가 이루어집니다. 이와 함께 약용샴푸로 반려견을 목욕시키고 털을 잘라주는 것이 치료에 도움이 됩니다.

모낭충증

모낭에 사는 진드기

모낭충은 모낭이나 지방샘에 기생하는 도깨비 방망이 모양으로 생긴 진드기입니다. 이는 정상적으로도 피부에 기생하는데 그 수가 증가하면 반려견의 피부를 망가뜨리기도 합니다.

우리 강아지, 모낭충증일까요?

- 탈모가 생겼어요
- 피부가 붉어졌어요
- 딱지가 생겼어요
- 피부에 기름기가 많아요

모낭충증에 의한 주요증상은 탈모입니다. 탈모는 주로 머리와 앞다리에서 나타나지만 온 몸 구석구석에 나타날 수도 있습니다. 머리, 등, 다리에 딱지가 생기고 피부가 붉어지며, 피부를 만졌을 때 피부 자체가 기름진 느낌이드는 것도 모낭충증 증상 중 하나입니다.

이런 증상이 보이면 동물병원에서 치료를 받는 것이 필요하고 모낭충증인지 진단을 위해서는 피부를 긁어서 관찰하는 검사, 털을 뽑아 현미경으로 관찰하는 검사 등의 피부검사가 필요합니다.

감염 원인

사실 모낭충은 반려견의 피부에 정상적으로 기생하는 기생충입니다. 보통 강아지가 태어나고 1주일 내에 어미와의 접촉을 통해 어미에게 기생하는 모낭충이 강아지로 옮겨옵니다. 강아지의 피부에 모낭충이 있어도 문제가 되진 않습니다. 모낭충이 정상적으로 기생하는데도 피부 문제가 없는 이유는 반려견의 면역체계가 자신의 피부에 기생하는 모낭충을 적절히 통제하여 문제를 일으키지 않게 관리하기 때문입니다.

하지만 모낭충이 일정 수를 넘어서면 문제가 되어 모낭충증에 걸립니다. 이렇게 모낭충의 수가 많아지는 원인은 크게 2가지가 있습니다.

선천적인 면역체계 이상

선천적으로 면역체계가 약하거나 모낭충 통제와 관련 있는 면역체계에 결핍이 있는 반려견에서 모낭충증이 문제가 됩니다.

면역억제를 일으키는 다른 요인

면역력을 떨어뜨리는 전신 질환(쿠싱증후군, 갑상선기능 저하증, 종양)이 있거나 면역을 떨어뜨리는 약물을 복용하는 경우 혹은 다른 피부질환이 있어 피부의 면역체계가 떨어졌을 때에도 모낭충증이 생길 수 있습니다.

사람도 모낭충에 감염되나요?

모낭충은 여러 종류가 있으며 다행히 반려견에서 문제가 되는 모낭충은 사람에게는 전염되지 않습니다. 반려견과 마찬가지로 사람의 피부에도 정상적으로 모낭충이 존재하는데 그 종류는 데모덱스 폴리쿨로룸*Demodex folliculorum*이라는 사람의 모낭에 사는 모낭충으로, 반려견의 모낭충*Demodex canis*과는 다릅니다. 따라서 모낭충증이 걸린 반려견에서 사람으로 전파될 걱정은 안 해도 됩니다.

어떻게 치료하나요?

가벼운 모낭충증은 시간이 지나면서 낫지만 온몸에 퍼져서 고통을 주는 전신 모낭충증 치료는 장기적으로 진행됩니다. 반려견의 몸에서 모낭충이 줄어들 때까지 약물치료가 진행되며 2차 세균감염 및 다른 피부질환이 있다면 함께 치료합니다. 중성화를 하지 않은 암컷의 경우 발정주기에 따른 성호르몬의 변화가 피부 면역력에 영향을 미치기도 합니다. 모낭충증이 낫지 않거나 지속적으로 재발한다면 중성화 수술이 필요할 수 있습니다.

DOG SIGNAL 119

모낭충은 정상적으로 피부에 기생하는 진드기이지만 과도하게 많아지면 문제를 일으킵니다. 모낭충증의 주요증상은 탈모와 기름진 피부이며 이런 증상이 보일 때에는 진단과 적절한 치료를 받는 것이 필요합니다. 온 몸에 심각한 상태로 모낭충증이 생겼다면 장기간의 치료가 필요합니다.

피부사상균증

곰팡이 감염

피부사상균증은 곰팡이 감염에 의해 나타나는 반려견의 피부질환입니다. 환경에 존재하거나 이미 곰팡이에 감염된 동물에서 옮는 경우가 흔합니다.

곰팡이 감염 ▶ 곰팡이가 털에 침입 ▶ 털의 파괴 ▶ 탈모, 비듬 같은 증상 발생

우리 강아지, 피부사상균증일까요?

건강한 반려견이라면 곰팡이에 옮아도 별다른 문제없이 지나가지만 아래와 같은 경우 감염이 쉽게 일어나서 문제가 될 수 있습니다.

- 면역력이 약한 경우
- 강아지의 나이가 어린 경우
- 다른 피부질환이 존재하는 경우
- 전신질환이 존재하는 경우
- 면역억제제 약물을 복용중인 경우

또한 여름에 습기 찬 축축한 곳에 곰팡이가 쉽게 생기듯 피부에 감염되는 곰팡이도 따뜻하고 습한 환경에서 더 감염이 잘 일어납니다. 피부사상균증에 걸린 반려견은 다음과 같은 증상을 보일 수 있습니다.

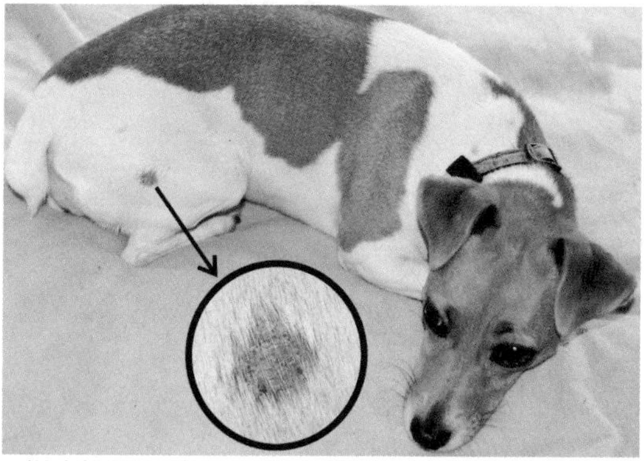

• 피부사상균증으로 인한 원형의 탈모 •

- 군데군데 원형의 탈모(경계 명확)가 있어요
- 피부에 각질이 많아요
- 피부에 뾰루지가 났어요
- 피부에 딱지가 생겼어요

피부사상균증의 주된 특징은 군데군데 원형 탈모가 진행되는 것입니다. 이러한 증상은 부분적으로 또는 전신적으로 나타날 수 있습니다. 동물병원에서는 램프 검사, 현미경 검사, 배양 검사 등을 통해서 진단을 내립니다.

사람도 피부사상균증에 걸리나요?

피부사상균증은 반려견뿐만 아니라 사람에게도 감염을 일으킬 수 있습니다. 면역력이 약한 어린아이들이나 면역력이 저하된 사람들에게 쉽게 감염됩니다. 일반적으로 사람에서는 감염된 부위 피부가 두꺼워지고 붉어지며 그 부위의 가장자리로 각질이 생기는 형태로 임상증상이 나타납니다. 이러한 증상이 있다면 보호자도 병원에 내원하여 치료를 받아야 합니다. 반려견이 피부사상균증이라면 반려견이 나을 때까지는 피부병 부위를 만질 때에 일회용 장갑을 이용하는 것이 좋습니다.

어떻게 치료하나요?

치료 연고를 처방받아 반려견의 아픈 부위에 발라줍니다. 반려견의 상태에 따라 약용샴푸가 필요할 수 있습니다. 피부사상균증이 많이 심하다면 수의사가 내복약을 처방하기도 합니다. 피부사상균증은 다른 질환이 없다면 꾸준히 연고와 약용샴푸를 사용함으로써 치료할 수 있습니다.

DOG SIGNAL 119

피부사상균증은 반려견과 사람 모두에서 감염이 될 수 있으며 관리를 잘 해준다면 성공적으로 치료할 수 있습니다. 반려견이 치료받는 동안 보호자는 곰팡이가 자신 및 동거견에게 옮지 않도록 주의해야 합니다. 단, 곰팡이는 주위 환경에 최대 18개월까지 오래 머물기 때문에 치료 후에도 재발할 가능성이 있습니다. 따라서 진단을 받고 나서는 집 안 환경을 소독하여 남아 있는 곰팡이를 없애는 것이 좋습니다.

CHAPTER 9
안과

안구건조증

눈곱이 많이 껴요

개의 눈에서 눈물이 잘 생성되지 않아 눈물량이 부족한 질환을 안구건조증(건성각결막염)이라고 합니다. 반려견의 안구질환 중에서는 자주 발생하며 이 질환이 원인이 되어 다른 안구질환을 유발할 수 있습니다.

우리 강아지, 안구건조증일까요?

- 눈곱이 많아요
- 눈꺼풀이 떨려요
- 각막에 혈관이 발달했어요
- 각막에 색소가 침착되었어요

이외에도 결막 충혈, 결막 부종이 나타날 수 있습니다. 또한 안구가 건조한 상태에서 눈을 깜빡 거리면 자극이 되어 각막이 손상되어 각막 궤양까지 올 수 있습니다.

안구건조증이 많이 발생하는 품종은 다음과 같습니다.

코카스파니엘, 보스턴 테리어, 킹찰스 스파니엘, 잉글리쉬 불독, 라사압소, 미니어쳐 슈나우저, 페키니즈, 푸들, 퍼그, 사모예드, 시츄, 웨스턴 하일랜드 화이트 테리어, 요크셔 테리어

발병 원인

면역 문제

안구건조증은 면역문제인 경우가 많습니다. 혈액-눈물장벽이 눈물샘을 보호하고 있습니다. 그런데 반려견의 면역반응이 비정상적으로 일어나서 혈액-눈물장벽이 무너지고 눈물샘이 망가지면 눈물이 제대로 생산되지 않아 안구건조증이 발생합니다.

수술 후 합병증

돌출된 3안검을 절제하는 수술을 하고 나면 흔히 안구건조증이 생길 수 있습니다. 보통 수술 후 4~5년 뒤에 나타나는 경우가 많습니다.

외상

눈이나 얼굴을 다쳐서 눈물샘에 이어지는 신경이 손상되면 안구건조증이 발생할 수 있습니다.

감염성 질병

디스템퍼 바이러스가 눈물샘을 파괴시켜 눈물샘의 기능이 떨어져도 안구건조증에 걸릴 수 있습니다. 그 밖에 다른 바이러스나 세균감염도 안구건조증을 일으킬 수 있습니다.

대사성 질환

갑상선기능 저하증, 쿠싱증후군, 혹은 당뇨병을 가지고 있는 반려견에게 안구건조증이 더 잘 생길 수 있습니다.

노령성 변화

10살 이상의 반려견에서는 노령성 변화로 눈물샘이 위축되면서 안구건조증이 생길 수 있습니다.

그 외에도 선천적 눈물샘 기형, 안면신경 마비등의 신경 질환이 있을 때에도 안구건조증이 생길 수 있습니다.

어떻게 치료하나요?

안구건조증의 치료는 안약을 통한 눈물 생성 증가와 안구 내 염증 및 통증 완화를 목표로 합니다. 또한 인공눈물을 넣어주어 부족한 눈물량을 보조해 줍니다. 안약과 인공눈물은 안구건조증의 심한 정도에 따라 장기간 혹은 평생 점안이 필요할 수 있으며, 안구건조증이 극심하여 안약으로 치료가 되지 않을 경우 수술이 진행될 수 있습니다. 안구건조증을 오래 방치하면 눈에 색소가 침착되거나 흉터가 생기는데 치료를 하여도 사라지지 않고 남아있을 수 있습니다. 따라서 눈곱이 많이 끼거나 눈이 빨개지는 증상을 보인다면 동물병원에서 진료를 받습니다.

DOG SIGNAL 119

눈곱이 자주 낀다면 안구건조증을 의심할 수 있습니다. 치료의 기본은 보호자의 정성입니다. 사람도 안구건조증이 생기면 자주 인공눈물을 넣 듯 반려견들도 안구건조증이 생길 경우 하루에 몇 차례씩 안약을 점안해주어야 합니다. 수의사가 처방한 횟수대로 약물을 꾸준히 잘 넣어준다면 안구건조증을 잘 치료할 수 있습니다. 만약 안구건조증을 그냥 둔다면 계속 각막이 손상되어 각막 궤양, 최후에는 실명까지 유발할 수 있습니다.

눈꺼풀 속말림

눈을 찔러요

눈꺼풀 속말림은 눈꺼풀이 안으로 접히거나 말려들어가는 질환을 말합니다. 이 질환은 여러 품종에서 나타나며 유전적 소인이 있다고 알려져 있습니다. 코가 짧은 단두종인 시츄, 말티즈 등에선 눈꺼풀의 코쪽에 대형견에서는 코에서 먼쪽에 눈꺼풀 속말림이 잘 생길 수 있습니다.

우리 강아지, 눈꺼풀 속말림일까요?

눈꺼풀 속말림의 정도와 그로 인한 증상은 반려견마다 다릅니다.

- 눈물을 많이 흘려요
- 눈꺼풀이 안으로 말려요
- 눈꺼풀이 떨려요
- 눈꺼풀에 긁은 상처가 있어요
- 끈적한 눈곱이 끼었어요
- 각막에 상처가 있는 것 같아요
- 각막에 혈관이 많이 보여요
- 눈이 빨개요

눈꺼풀이 안으로 말려들어가면 속눈썹과 주위 털이 눈을 자극합니다. 그로 인해 반려견은 눈에 따가움이나 통증을 느껴서 눈을 자꾸 긁을 수 있습니다. 눈에 자극으로 인해 눈물을 많이 흘리고 결막 충혈과 각막 질환이 생길 수 있습니다. 각막이 지속적으로 자극을 받으면 안구에 까만 흉터 같은 것이 생겨서 시야를 방해할 수 있습니다. 흉터가 많이 생길 경우 시야를 완전히 가릴 수도 있기 때문에 꼭 치료를 해주어야 합니다.

눈꺼풀 속말림은 왜 생기는 걸까요?

유전이 가장 큽니다. 각막염, 결막염, 포도막염 등의 눈 질환이 있을 때 발생하는 통증 때문에 눈의 근육이 굳어서 눈꺼풀 속말림이 생기는 경우도 있습니다.

어떻게 치료하나요?

눈꺼풀 속말림으로 인해 각막궤양, 결막충혈 등 안과 질환이 발생했다면 이러한 질환을 치료해야 하며, 눈꺼풀 속말림은 수술을 통해 교정합니다. 일반적으로 어린 강아지에서는 성견이 되어 얼굴이 모두 성숙하고 나서 수술을 진행합니다.

DOG SIGNAL 119

눈꺼풀 속말림이 심해지면 눈을 지속적으로 자극하여 각막궤양, 각막천공 등의 심각한 안과질환을 유발할 수 있습니다. 눈꺼풀이 안으로 말려 있고 유난히 눈물을 많이 흘린다거나 안구에 까만 흉터 같은 것이 보인다면 동물병원에 가서 진료를 받도록 합니다.

체리아이

3안검 돌출증

사람의 눈꺼풀은 2개이지만 강아지에게는 3개의 눈꺼풀이 있습니다. 세 번째 눈꺼풀, 즉 3안검은 눈 안쪽에 있습니다. 체리아이는 이 세 번째 눈꺼풀이 돌출되는 질병으로, 반려견에게 흔히 나타나는 질환입니다. 돌출된 3안검이 붉게 부어 있는 모습이 꼭 체리 같다고 하여 체리아이라는 이름이 붙었습니다.

우리 강아지, 체리아이일까요?

체리아이는 반려견의 눈을 보면 바로 알 수 있습니다. 질병의 이름처럼 체리처럼 생긴 붉은 덩어리가 코에 가까운 눈의 안쪽 부위에 생겨난 것을 발견할 수 있습니다.
체리아이가 생기면 3안검에서 눈물이 제대로 생산되지 않아 안구건조증의 증상이 함께 나타날 수 있으며 유난히 한쪽 눈을 깜빡거리고 결막이 붓는 증상이 동반될 수 있습니다.

3안검이란?

반려견은 윗눈꺼풀과 아래눈꺼풀 외에도 3안검이라는 눈꺼풀이 존재합니다. 3안검은 아래눈꺼풀의 안쪽에 있으며 눈을 추가적으로 보호하는 역할

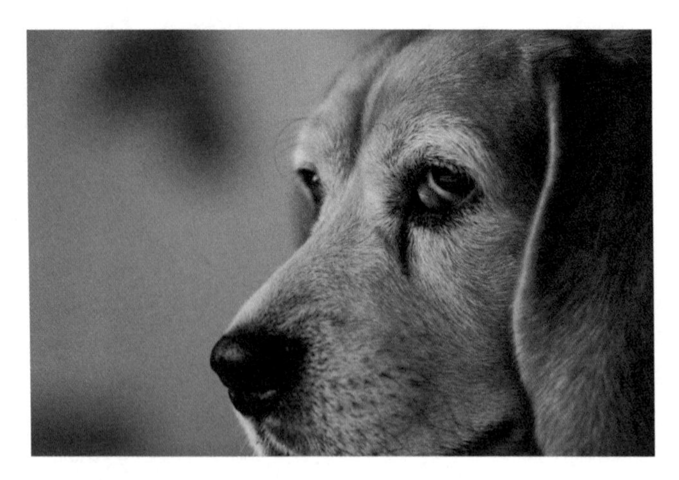

• 체리아이. 돌출된 3안검이 부어 있는 것을 볼 수 있다 •

을 합니다. 또한 3안검에는 눈물샘이 있어 눈물 양의 약 50%가 이 샘에서 만들어지기에 항상 안구가 촉촉하게 유지되도록 합니다.

발병 원인

정상적인 3안검은 눈 아래쪽, 안쪽에 섬유조직으로 고정되어 있습니다. 체리아이는 이 섬유조직이 약해져서 3안검이 제대로 고정되지 않아 바깥으로 돌출되면서 잘 생기며 대부분은 1년 이하의 어린 강아지에게 많이 발생합니다. 또한 잉글리쉬 코카스파니엘, 잉글리쉬 불독, 비글, 페키니즈, 보스턴 테리어, 시츄, 라사압소 및 다른 단두종 같은 특정 종에서 더 잘 발생합니다.

어떻게 치료하나요?

체리아이는 수술이 가장 효과적인 치료법입니다. 수술은 3안검의 눈물샘

기능이 손상되기 전에 최대한 빨리 해주는 것이 좋습니다. 3안검의 눈물샘이 손상되면 안구건조증이 유발되고 시력에도 악영향을 줄 수 있기 때문입니다. 눈물샘이 영구적으로 손상되지 않았다면 수술 후 눈물샘은 다시 정상 기능을 회복합니다. 3안검 돌출로 속발된 안구건조증이나 안구 내 염증에 대한 치료가 필요할 수 있습니다.

DOG SIGNAL 119

체리아이는 반려견의 눈을 보면 금방 알아챌 수 있으며 수술을 통해 치료합니다. 체리아이를 치료하지 않고 그대로 둔다면 안구건조증과 함께 2차 감염과 염증이 생길 수 있기 때문에 초기에 꼭 치료해주는 것을 추천합니다.

백내장

눈이 뿌옇게 보여요

사람이 백내장에 걸리면 눈동자가 하얗게 변하게 되는데, 이는 반려견도 마찬가지입니다. 백내장은 반려견에게 흔한 안과질환입니다.

우리 강아지, 백내장일까요?

반려견의 눈에 구름처럼 하얗게 뭔가 끼어 있다면 백내장일 가능성이 높습니다. 하지만 핵경화증도 비슷하게 눈에 백탁처럼 보이기도 하니 반드시 동물병원에서 안과검사를 받아야 합니다.

백내장이란?

백내장이란 눈의 수정체에 뿌옇게 백탁이 생기는 것을 말합니다. 수정체의 어느 부분에서든지 백내장이 시작될 수 있으며, 백내장 초기에 뿌옇게 변한

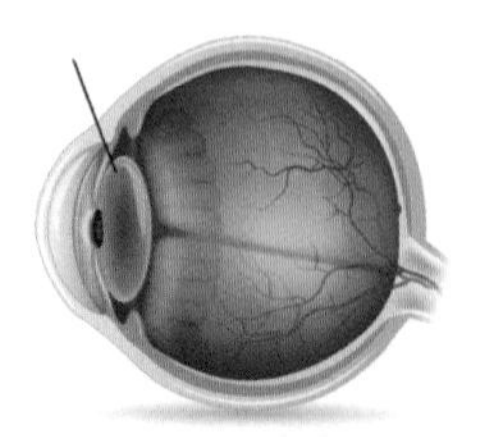

정상 수정체

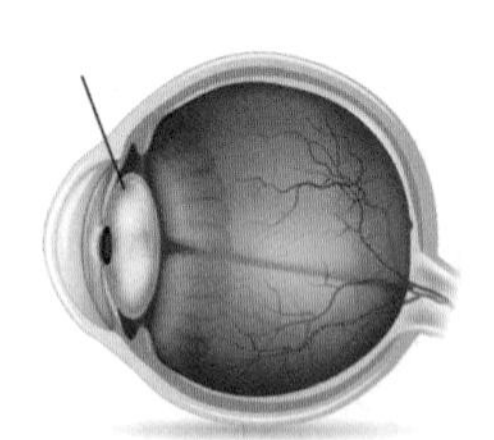

백내장 수정체

부분이 작다면 시야에 크게 영향을 주지 않을 수도 있습니다. 하지만 백내장은 진행성 질환으로 처음에는 작더라도 점점 범위가 커지면서 실명을 일으키기도 합니다.

백내장은 발생 단계에 따라 크게 4단계로 나눌 수 있습니다.

초기 백내장

백내장의 초기 단계로, 수정체의 50% 이하 부분이 뿌옇게 된 상태입니다. 이 단계 때 시력은 큰 문제가 없으나 백내장이 시작되는 시기이므로 병의 진행 속도에 따라 악화되는 속도가 다릅니다. 처음에 진단 후 주기적인 진료를 통해 진행속도를 파악합니다.

미성숙 백내장

수정체의 50~100% 부분이 뿌옇게 된 상태를 말합니다. 수술하기에 가장 적합한 시기이며 수술 결과는 대체적으로 좋은 편입니다.

성숙 백내장

수정체 거의 전체가 뿌옇게 된 상태입니다. 반려견은 실명 상태이며 포도막염, 안압 상승 등의 안과질환이 동반될 수 있습니다.

과성숙 백내장

수정체의 뿌옇게 된 부위가 변해서 수정체가 녹아버리는 상태로 가장 심각한 단계입니다. 수정체가 녹은 물질들이 새어나와 이물질로 작용하면 염증이 생깁니다. 때문에 포도막염이나 출혈이 발생할 수 있습니다. 수정체가 흐물흐물해져 제자리에 위치하기 힘들 정도가 되면 수정체 탈구까지 일어납니다.

핵경화증이란?

노령견에서 나타나는 노령성 안구 변화로 수정체의 섬유들이 나이가 들면서 빽빽해져 수정체가 딱딱해지는 현상입니다. 겉보기에는 백내장과 비슷하지만 안검사를 통해 구분이 가능합니다. 핵경화증은 백내장과 달리 수술을 할 필요는 없습니다. 대신 노령성 변화로 인한 다른 안구 질환 발생 가능성이 있으므로 정기적으로 건강 검진 시에 안검사를 받는 것이 좋습니다.

발병 원인

유전

다음 품종에서는 백내장이 유전적으로 잘 발생하는 편입니다.

> 푸들, 요크셔테리어, 시츄, 코카 스파니엘, 미니어쳐 슈나우저, 리트리버, 비숑 프리제, 말티즈

선천적 질환

태어날 때부터 눈 질환이 있었다면 백내장도 함께 발생하기도 합니다.

당뇨병

당뇨병의 합병증으로 흔히 백내장이 발생합니다. 당뇨병 때문에 생긴 백내장은 빠르게 진행되는 것이 특징입니다.

사고

사고로 수정체를 직접 다친 경우에 백내장이 발생할 수 있습니다.

노령성 변화

노령견에서 겉에서 보기에 눈동자가 하얗게 변하는 것은 핵경화증과 비슷하기 때문에 진료를 통해 확인해야 합니다.

어떻게 치료하나요?

초기 단계라면 동물병원에서 주기적으로 안검사를 하여 질병의 진행 속도를 확인하고 추가적으로 다른 안과 질환이 생기지 않는지 확인합니다. 눈 영양 보조제가 백내장 진행을 늦추는 데 도움이 된다는 연구 결과가 있습니다. 백내장이 진행된 상태라면 지속적인 약물관리 혹은 수술을 통해 치료합니다. 수술은 뿌옇게 변한 수정체를 빼낸 뒤 인공렌즈를 채워 넣는 식으로 진행이 되며 미세한 눈을 다루는 수술인 만큼 안과를 전문적으로 다루는 동물병원에서 진행합니다. 백내장의 단계에 따라 수술의 경과가 다를 수 있습니다. 일반적으로 백내장 수술 결과는 좋은 편이지만 백내장 진행이 많이 되었을수록 그만큼 후유증(녹내장, 포도막염 등)이 따를 위험이 있습니다.

DOG SIGNAL 119

반려견의 안구 백탁이나 충혈 등 눈에 이상이 생긴 징후를 알아차리고 진료를 받는 것이 도움이 됩니다. 반려견이 시력을 점차 잃고 눈에 통증이 있는 것은 말을 못할 뿐 굉장히 답답하고 아플 겁니다. 이러한 변화를 잘 알아채고 수술 또는 약물치료를 진행합니다.

녹내장

정기적 안검사가 중요해요

풍선 안에 물을 넣고 묶으면 부푼 형태를 유지합니다. 비슷하게 눈 안에도 액체가 차 있어서 형태를 유지합니다. 그런데 풍선에 물을 계속 넣으면 어떻게 될까요? 점점 커지다가 어느 순간에는 터지고 맙니다. 건강한 눈에선 액체가 생산된 만큼 밖으로 빠져나가서 일정 양을 유지하므로 갑자기 눈이 커지는 일은 없습니다. 그런데 액체의 양이 점점 늘어난다면 눈이 커지고 커진 만큼 주위를 눌러서 문제가 생기게 됩니다.

우리 강아지, 녹내장일까요?

보호자가 녹내장 증상을 직접 알아채기는 어렵습니다. 다음과 같은 증상을 보인다면, 동물병원에서 안압을 측정받아보는 것이 좋습니다.

- 눈을 찡그려요
- 눈 주위를 만지면 싫어해요
- 눈꺼풀이 떨려요
- 눈이 커진 것 같아요
- 눈이 약간 돌출된 것 같아요
- 눈에 진한 혈관이 보여요
- 눈동자가 푸르스름해요

녹내장에 걸리면 통증이 심하기 때문에 반려견이 눈을 찡그리거나, 눈 주위를 만지면 싫어할 수 있습니다. 눈꺼풀이 떨리는 것도 통증의 표현입니다. 눈에 진한 혈관이 보이거나 검은자에 푸른빛이 돌거나 눈동자가 계속 커져 있다면 녹내장일 수도 있습니다. 심하면 안구의 크기가 커져 평소보다 돌출되어 보일 수도 있습니다.

안방수가 무엇인가요?

눈 안에서 만들어지는 물을 안방수라고 합니다. 눈 안에서는 안방수가 순환하면서 각막과 수정체에 영양을 공급해줍니다. 안방수는 눈의 형태를 유지하는 데에도 중요한 역할을 합니다. 눈을 물풍선이라고 상상해보세요. 안방수가 줄어들면 눈이 쭈글거리고 말랑해지지만 늘어나면 탱탱하면서 커지게 되겠죠? 건강한 눈에선 안방수는 생산되는 만큼 빠져나가면서 일정 양을 유지하므로 눈의 형태는 일정하게 유지될 수 있습니다.

녹내장이란?

눈의 압력, 즉 안압은 주로 안방수에 의해서 결정되며 건강한 반려견의 안방수 양은 일정하게 유지되므로 안압도 마찬가지로 일정 수준으로 유지됩니다. 하지만 안방수가 배출되는 곳이 막힌다면 안방수가 빠져 나가지 못하므로 눈 안의 안방수 양이 늘어납니다. 이에 따라 안압은 증가하며 눈뿐 아니라 주위에 압박을 줍니다. 이런 상태가 지속되면 눈의 신경에 돌이킬 수 없는 손상이 발생할 수 있습니다. 눈에 문제가 생겨서 안압이 증가하고 이로 인해서 눈에 손상이 심해지는 질병을 녹내장이라고 합니다.

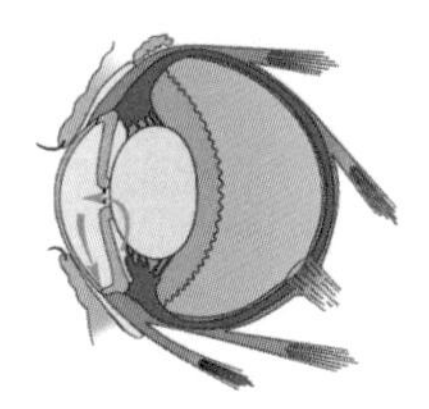

[정상 안구]
생기는 만큼 배출되어
안압은 정상 유지

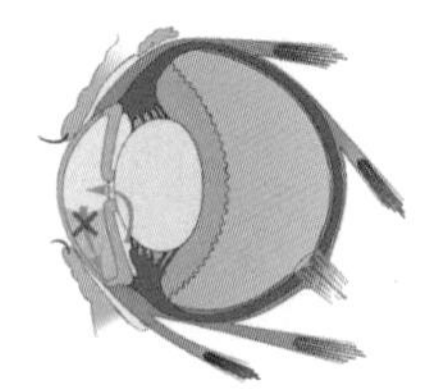

[녹내장 안구]
① 배출구가 막혀서
안방수가 못 나감

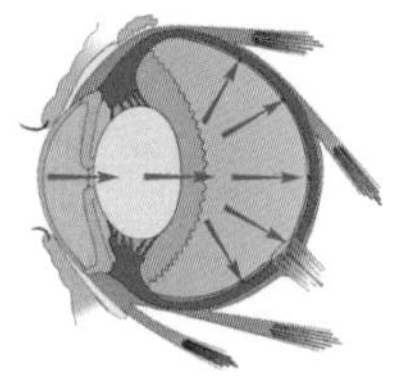

[녹내장 안구]
② 안방수가 쌓이며 안압
증가, 눈 및 주위 압박

발병 원인

다른 안과 질환(사고, 상처, 감염, 종양, 염증, 백내장, 망막박리) 때문에 안방수의 흐름에 문제가 생겨서 녹내장이 발생하는 경우가 흔합니다. 드물지만 유전성으로 생기는 경우도 있습니다.

어떻게 치료하나요?

녹내장은 안압을 낮추는 안약을 통해 치료합니다. 하지만 안약으로 치료가 되지 않는다면 안방수 생성을 억제하거나 배출을 원활하게 하는 수술이 필요할 수 있으며, 안과를 전문적으로 다루는 동물병원에서 진행합니다. 녹내장은 시간이 지날수록 악화되는 질환이기 때문에, 시력을 잃었다면 치료 후에도 시력이 돌아오지 않을 수 있습니다.

DOG SIGNAL 119

반려견이 눈을 아파하거나 눈에 진하고 뚜렷한 핏줄이 섰을 때 푸른 빛이 돌면서 눈동자가 커져 있을 때에는 동물병원에 가서 안과 질환이 있는지 검사해보는 것이 필요합니다. 녹내장에 걸린 반려견의 40%가 1년 내에 실명에 이를 수 있습니다. 치료를 받으면서 주기적인 검사를 통해 안압을 잘 관리합니다.

CHAPTER 10
심장 · 순환계

심장사상충

심장에 기생하는 회충

동물병원에 진료를 보러 가면 수의사가 가장 강조하는 것 중 하나가 심장사상충 예방입니다. 심장은 전신에 혈액을 보내는 중요한 장기입니다. 몸에서 가장 중요한 장기에 심장사상충이 침범하니 심한 경우 반려견이 죽는 일도 충분히 일어날 수 있습니다.

우리 강아지, 심장사상충 감염일까요?

심장사상충은 감염된 정도에 따라 임상증상의 정도가 다르게 나타납니다. 감염되어도 처음 몇 달은 증상이 별로 없습니다.

정도	증상
약함	증상이 없거나 기침을 함
중간	기침. 산책을 힘들어함
심함	기침, 산책을 힘들어함, 호흡이 힘들며 배에 물이 참, 기절
아주 심함	갑자기 쇠약해지고 기력이 없음

증상만으로 심장사상충 감염을 이야기하는 것은 어렵습니다. 동물병원에서 심장사상충키트 검사 또는 현미경을 통한 심장사상충 확인이 필요합니다. 사상충은 사람의 몸에서 제대로 살아남지 못하므로 보호자에게 감염될

위험성은 없습니다. 하지만 집에서 키우는 다른 개나 고양이에게는 감염될 수 있고 이미 감염되었을 수 있으므로 검사 및 예방을 합니다.

심장사상충은 어떻게 감염이 될까요?

국내의 한 연구에 따르면 전국 약 850마리를 대상으로 키트검사를 했을 때 40%가 양성이었습니다. 심장사상충이 상당히 만연해 있다는 이야기죠. 특히 충남지역과 바닷가 근처 야외 키우는 개들의 감염률이 100% 가까이로 높았습니다. 그러므로 전국 어디에서 키우든지 꼭 예방해야 하며, 특히나 바닷가나 충남지역에서 키우는 분들은 예방에 더욱 신경써주어야 합니다.

반려견이 심장사상충 유충을 가진 모기에 물리면서 감염이 시작됩니다. 모기에 물릴 때 모기 안에 있던 유충들이 피부를 뚫고 들어오는 것입니다. 다음은 감염이 진행되는 과정입니다.

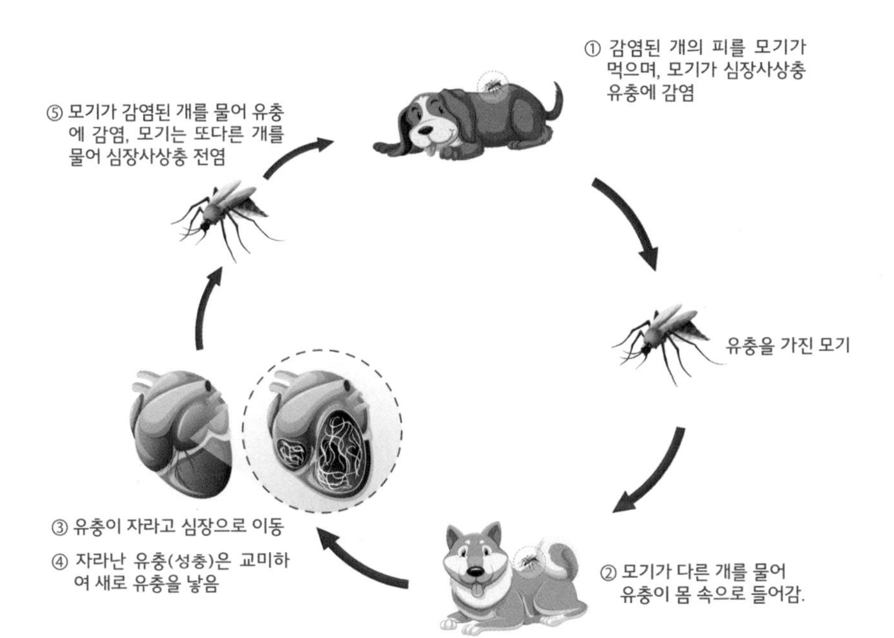

① 모기가 심장사상충에 감염된 반려견의 혈액을 먹을 때 심장사상충의 어린 형태인 유충이 모기에게 옮게 됩니다.
② 유충을 지닌 모기가 다른 반려견을 물면 그 반려견의 몸 속으로 유충이 들어갑니다.
③ 유충은 반려견의 몸 속에서 자라면서 폐동맥과 심장(우심방)으로 이동합니다.
④ 유충이 성장하여 약 5~9개월 후 어른의 형태인 성충이 되는데 이 성충은 12~30cm로 가늘고 긴 모양입니다. 성충의 암컷과 수컷이 만나는 경우, 새롭게 유충을 낳기도 합니다.
⑤ 새로 태어난 유충은 혈액 속을 돌아다니고 모기가 이 반려견 물어 다른 반려견을 물 경우 심장사상충이 전파됩니다.

어떻게 치료하나요?

심장사상충 치료는 위험성이 높습니다. 약물로 치료하는 경우 치료하는 동안 죽은 성충이 몸속에 돌아다니게 되면서 혈관을 막아 합병증이 발생하여 사망할 수 있기 때문입니다. 따라서 꼭 예방에 신경을 써야 합니다.

집에서 어떻게 해주면 좋을까요?

반려견이 심장사상충에 걸리지 않도록 예방하는 것이 무엇보다 가장 중요합니다. 보통 동물병원에 한달에 한번씩 가서 먹는 약 또는 바르는 약을 먹거나 발라서 심장 사상충을 예방해줄 수 있습니다. 모기가 활발하게 활동하는 여름 기간에는 특히 잊지 말고 심장사상충 예방을 꼭 해야 합니다. 심장사상충 예방을 쉬었다가 다시 시작하는 경우 심상사상충에 감염되었는지 확인하는 검사를 받는 것이 필요할 수 있습니다. 이러한 예방을 위한 노력에도 불구하고 반려견이 심장사상충에 걸렸다면 동물병원에서 적절한 치료와 관리를 받아야 합니다.

특히 치료기간 동안 심한 운동을 한다면 혈관이 막히는 합병증 확률이 더 높아지기 때문에 위험합니다. 반려견이 흥분하지 않고 충분한 휴식을 취할 수 있도록 배려해주세요. 심장사상충에 걸린 반려견이 호흡을 힘들어하거나, 혀가 파래진다면 빨리 동물병원에 가서 진료를 받아야 합니다.

DOG SIGNAL 119

심장사상충에서 중요한 것은 첫째도 예방, 둘째도 예방, 셋째도 예방입니다. 예방은 동물병원에서 한 달에 한번씩 예방약을 먹이거나 피부에 바르거나 주사를 놓는 간단한 방법으로 진행됩니다. 심장사상충의 치료는 위험이 따르기 때문에 한 달에 한 번씩 반려견에게 예방해줌으로써 감염 자체를 막는 것이 최우선입니다. 요즘은 겨울에도 실내에 모기가 간혹 있으니 매달 신경 써주는 것이 좋습니다. 특히 바닷가와 충남지역에서 키우는 개들은 더욱 신경써 주어야 합니다.

IMHA

면역매개 용혈성 빈혈

혈액에 있는 적혈구는 산소를 운반하는 역할을 합니다. 적혈구가 감소하면 몸에 이상 증상이 나타나는데 이를 빈혈이라고 합니다. IMHA는 빈혈을 유발하는 질환 중 하나이며, Immune-Mediated Hemolytic Anemia(면역 매개 용혈성 빈혈)의 약자입니다. 면역을 담당하는 세포가 적혈구를 공격 대상으로 생각하고 파괴해서 적혈구가 부족해지는 질병입니다. 종양, 기생충 등의 감염, 약물 등이 원인으로 지목됩니다. 하지만 특별한 원인이 없는 경우도 많은데, 이 경우 면역 세포가 뜬금없이 적혈구를 적으로 인식하기 시작해서 발생합니다.

우리 강아지, IMHA일까요?

- 피오줌을 쌌어요
- 배에 붉은 반점이 있어요
- 입 안 점막이 파래졌어요
- 입 안 점막이 창백해요
- 구토를 해요
- 밥을 잘 안 먹어요
- 좋아하던 간식도 잘 안 먹어요
- 평소보다 기운이 없어 보여요

이처럼 반려견은 기력과 식욕의 감소, 혈뇨 등의 증상을 주로 보이며 심한 경우 걷기 어려워하거나 호흡을 힘들어할 수도 있습니다. 또한 잇몸이나 구강 점막의 색이 평소보다 창백하거나 파랗게 보일 수 있습니다.

어떻게 치료하나요?

응급 수혈

IMHA는 갑자기 심한 증상을 보여 응급 진료가 필요한 경우가 많습니다. IMHA는 응급 입원한 강아지 중 50% 정도가 사망할 정도로 위중한 질병이므로 이상 발생 시 빨리 동물병원에 가는 것이 중요합니다. 검사 결과 빈혈이 심하다면 응급 수혈이 필요합니다.

약물치료

면역 세포가 적혈구를 파괴하는 것이 문제의 원인이므로 IMHA로 진단이 된 뒤에는 면역세포의 활동을 억제시키는 약물을 통해 치료하여 빈혈수치를 관리합니다. 한편 감염이 원인이라면 감염에 대한 치료가 필요합니다.

DOG SIGNAL 119

IMHA는 반려견에서 비교적 흔한 빈혈 종류입니다. 갑작스럽게 많은 양의 적혈구가 파괴되면 상태가 급격히 안 좋아질 수 있으며 이 때에는 최대한 빨리 응급 진료와 수혈이 가능한 동물병원에 가야합니다. 평소에 양치하면서 봤던 잇몸 색을 잘 기억해 두셨다가 반려견이 기운이 없어보일 때에는 잇몸이 창백하지는 않는지 체크해봅니다.

이첨판폐쇄부전증

가장 흔한 심장 질환

반려견의 심장은 사람의 심장과 구조가 비슷합니다. 4개의 공간, 즉 좌심방, 좌심실, 우심방, 우심실로 이루어져 있습니다. 혈액은 반드시 심방에서 심실로 이동해야 합니다. 이 두 공간 사이를 가로막고 있는 출입문, 즉 판막(valve)이 있어서 혈액이 반대 방향으로 이동하지 않도록 막아줍니다. 판막에 의해 분리된 두 공간 중, 혈액이 심장으로 들어오는 공간을 심방, 혈액이 심장 밖으로 나가는 공간을 심실이라고 하며, 심장의 좌우 중 어느 쪽에 있느냐에 따라 좌심방, 좌심실, 우심방, 우심실로 불립니다. 이첨판이란 바로 좌심방과 좌심실 사이에 존재하는 판막입니다. 이첨판폐쇄부전증이란 이첨판이 제대로 폐쇄되지(닫히지) 않아 혈액이 반대 방향으로 이동하는 질환을 말합니다.

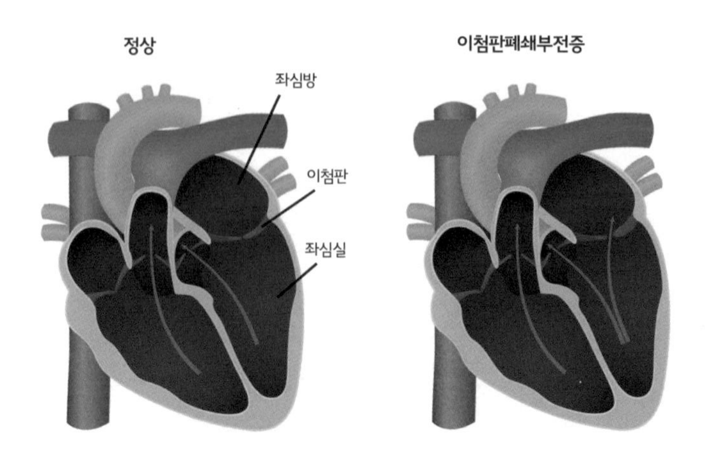

우리 강아지, 이첨판폐쇄부전증일까요?

이첨판폐쇄부전증이 있는 반려견은 초기에는 아무런 증상도 보이지 않습니다. 질환이 심해지면서 반대로 흐르는 혈액 양이 많아짐에 따라 반려견에게 다음과 같은 증상이 나타납니다.

- 마른기침을 해요
- 호흡이 얕아요
- 혀를 내밀고 헥헥 거려요
- 숨쉬는 것이 힘들어보여요
- 기력이 감소했어요
- 밥을 잘 안 먹어요
- 산책을 꺼려하고 활발함이 줄었어요
- 가끔씩 흥분하거나 뛰다가 기절을 해요
- 가끔씩 혀가 파래져요

발병 원인

반려견도 나이가 들면서 노화를 겪습니다. 이첨판 역시 예외는 아닙니다. 원래는 잘 닫혔던 이첨판이 노화하면서 약해지고 두꺼워지면서 이첨판이 제대로 닫히지 않게 되는 이첨판폐쇄부전증이 생깁니다. 판막이 제대로 닫히지 않으면 판막 사이로 일부 혈액이 반대 방향인 좌심실에서 좌심방으로 흐릅니다. 반려견이 노령성 변화를 겪는 시기는 제각기 다르며 보통 이첨판폐쇄부전증은 8살 이상에서 잘 생기는 편입니다.

심장 기능이 망가지는 심부전

심부전이란 심장이 혈액을 온몸으로 공급하는 펌프 역할을 제대로 하지 못하는 것을 말합니다. 이첨판폐쇄부전증이 심하면 혈액이 온몸을 돌지 못하고 좌심방에 자꾸 고이면서 심부전이 발생할 수 있습니다. 좌심방에 혈액이 고이다 보면 혈액 흐름에 정체가 생겨서 폐에도 혈액이 고이게 됩니다. 그 결과 폐에 물이 차는 폐수종이 발생할 수 있고 이 경우 반려견은 호흡 곤란을 보이게 됩니다.

한편, 이첨판폐쇄부전증이 지속되면 우심방과 우심실도 영향을 받습니다. 우심방에서 우심실로 이동해야하는 혈액이 거꾸로 흘러 우심방에도 혈액이 고이게 되는데요. 고인 혈액은 정맥에 정체되면서 배에 물이 차거나 발바닥이 붓는 증상들을 보이게 됩니다.

어떻게 치료하나요?

동물병원에서는 이첨판폐쇄부전증을 진단하기 위해 심장 청진 및 흉부 방사선 검사를 진행하게 됩니다. 보다 정밀한 심장 기능 평가를 위해서는 심전도 검사 및 심장 초음파 검사가 필요합니다. 이 검사를 통해 현재 이첨판폐쇄부전증의 심한 정도를 판단합니다. 또한 반려견이 약물치료를 받으면서 질환이 잘 관리되고 있는지 혹은 악화되고 있는지를 확인하기 위하여 정기적으로 흉부 방사선 검사 혹은 심장 초음파 검사를 진행하게 됩니다.

집에서 어떻게 해주면 좋을까요?

심장질환의 치료는 더 이상의 질병 진행을 늦추는 것이 목적이기에 진단을 받은 후부터의 관리가 중요합니다. 보호자가 어떻게 관리해주느냐에 따라 기대수명이 달라질 수 있습니다.

가장 중요한 것은 지속적인 약물치료입니다. 이첨판폐쇄부전증의 경우 약의 개수와 양이 다소 많을 수 있으며 수의사의 지시대로 모두 꼭 먹여야 합니다. 또한 정기적인 검진을 통해 질환이 잘 관리되고 있는지 혹은 더 악화되지는 않았는지 평가가 필요합니다.

적절한 영양공급은 필수입니다. 영양 결핍 상태에서는 회복하는 속도가 느립니다. 반려견들은 보통 식욕이 떨어져 있으므로 음식은 따뜻하게 조금씩 자주 주는 것이 도움이 됩니다.

심장에 무리를 줄 수 있는 과도한 운동은 금물입니다. 예전처럼 신나게 달리며 함께 했던 산책은 이제 위험합니다. 반려견이 천천히 걸으며 편안하게 산책할 수 있도록 해주고 힘들어한다면 안아주어 부담을 덜어주도록 합니다.

DOG SIGNAL 119

이첨판폐쇄부전증은 반려견이 나이가 들어감에 따라 생기며 기침을 하고 호흡이 힘들어지는 것이 주된 증상입니다. 이 질환은 완치가 아닌 더 이상의 악화를 늦추는 목적으로 치료가 진행되며 지속적인 약물 복용이 필요합니다. 질환이 제대로 관리되지 않을 경우 심장이 기능을 제대로 하지 못하는 심부전으로 발전할 수 있습니다.

심장종양

심장에도 혹이 생겨요

심장종양은 반려견에게 생기는 종양 중 0.2% 확률로 드물게 발생하지만, 일단 진단되면 치료가 어렵고 경과가 좋지 않습니다. 심장종양은 대형견에게 주로 생기며 다른 심장병을 가진 환자들과 비슷한 증상을 호소하는 것이 특징입니다.

우리 강아지, 심장종양일까요?

심장종양은 주로 리트리버, 저먼 셰퍼드와 같은 대형견에게 잘 생기지만, 소형견에게도 발생할 수 있습니다. 심장종양은 심장을 이루고 있는 구조물 중 심장을 감싸고 있는 심장막, 심장의 근육인 심근, 심장에 들어오고 나가는 혈관들이 많이 모여 있는 심장기저부에서 주로 발생합니다. 방사선 검사와 심장초음파 검사를 통해 이를 진단하게 되며 반려견이 호소하는 증상은 다음과 같습니다.

- 쉬고 있거나 잘 때에도 숨쉬기 힘들어해요
- 갑자기 기절해요
- 체중이 눈에 띄게 감소했어요
- 배가 빵빵해졌어요
- 기침을 해요

- 예전처럼 운동을 못해요
- 기력이 없어요
- 밥을 잘 안 먹어요
- 우울해해요

심장에 종양으로 인해 심장 기능에 문제가 유발되면서 심장병이 있는 환자들에게서 보이는 증상들이 나타납니다. 심장 기능의 문제로 혈액순환이 제대로 되지 않아 혈액이 고여 있으면 흉강에 물이 차는 흉수나 복강에 물이 차는 복수가 생깁니다. 복수가 생기면 겉으로 보기에 반려견의 배가 늘어지고 빵빵해지며 숨을 쉬기 힘들어하는 모습을 보입니다.

어떻게 치료하나요?

안타깝게도 심장 종양은 수술적으로 종양을 떼내기 어려우며, 약물치료를 하더라도 종양을 완전히 없애기는 힘듭니다. 또한 양성보다 악성 종양이 흔하게 발생하기 때문에 경과가 좋지 않으며 악성 종양의 경우 생존 기간은 보통 6개월 이내로 짧은 편입니다. 흉수나 복수가 계속해서 차오른다면 이를 제거해 주고 통증 완화와 함께 망가진 심장 기능을 보조할 수 있는 약물을 먹는 것이 치료방법입니다. 심장종양이 악성인 경우 다른 장기로 전이가 잘 되며 전이가 되었다면 생존 기간은 더 짧아질 수 있습니다.

집에서 어떻게 해주면 좋을까요?

일단 반려견이 심장종양을 진단받았다면 경과가 좋지 않을 것을 보호자가 인지해야 합니다. 반려견이 호흡 곤란과 통증으로 인한 고통을 덜 수 있게 동물병원에서 처방받은 약물을 잘 먹이는 것이 중요합니다. 종양으로 인해 반려견이 밥을 안 먹고 체중이 눈에 띄게 빠질 때는 반려견이 좋아하고 잘 먹는 것을 챙겨주는 것이 좋습니다. 반려견이 갑자기 호흡 곤란을 보일 때는 빨리 가까운 동물병원으로 옮겨 응급처치를 받아야 합니다.

DOG SIGNAL 119

심장종양은 기침이나 호흡 곤란과 같은 호흡기계 증상을 보일 수 있으며 종양을 완전히 없애는 치료가 힘들기 때문에 경과는 좋지 않은 편입니다. 반려견이 호흡 곤란과 통증으로 인해 고통스러워하지 않도록 지속적인 약물치료를 받아야 하며 맛있고 반려견이 잘 먹는 음식을 주어 영양 결핍이 생기지 않도록 해주는 것이 좋습니다.

CHAPTER 11
비뇨기계

비뇨기계 결석

돌멩이가 있어요

신장, 요관, 방광, 요도로 이뤄진 비뇨기계에 결석이 생기는 것은 반려견에서 자주 있는 질병입니다. 결석은 오줌을 잘 못 싸는 경우가 아니라면 당장엔 생명에 지장이 없을 수도 있지만 굉장한 통증을 유발하기도 하여 마냥 지켜보기만 한다면 큰 문제가 될 수도 있습니다.

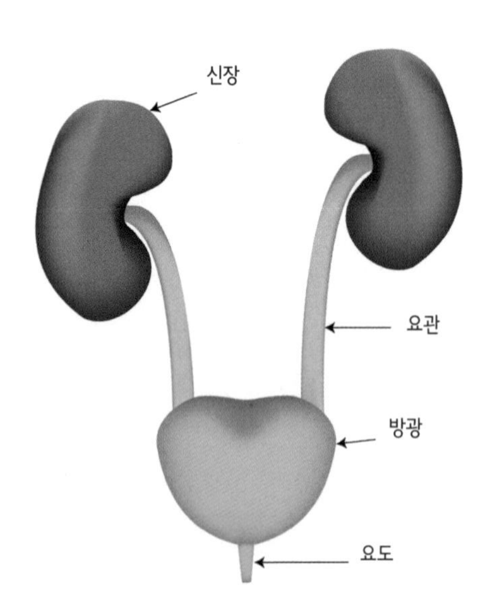

우리 강아지, 비뇨기계 결석일까요?

결석의 크기나 위치에 따라 반려견이 보이는 증상이 다를 수 있습니다. 신장 결석은 증상을 유발하지 않는 경우가 대부분이며, 방광 혹은 요도 결석이 있을 때 주로 증상을 보입니다. 가장 흔하게 보이는 증상은 다음과 같습니다.

- 오줌에 피가 섞여 나와요
- 오줌에 소금처럼 작은 알갱이가 보여요
- 오줌에서 악취가 나요
- 오줌을 조금씩 자주 눠요
- 오줌을 잘 못 싸요
- 오줌 눌 때 아파해요
- 오줌을 안 싸요
- 오줌을 아무데나 싸요
- 밥을 잘 안 먹어요
- 구토를 해요
- 설사를 해요
- 입 안의 점막이 건조해요

결석은 심한 통증을 일으킬 수 있습니다. 또한 결석이 비뇨기계를 자극해서 피가 나면, 피 섞인 소변이 나올 수 있습니다. 자극 때문에 방어막이 깨져서 비뇨기계 감염도 보다 쉽게 일어납니다. 작은 결석이 요도로 들어가서 요도를 폐쇄시킬 수 있습니다.

이럴 경우 반려견은 통증 때문에 배뇨 중 소리를 지르는 등 소변 누는 것을 괴로워하며 시원하게 배뇨를 하지 못하고 찔금찔끔 오줌을 싸기도 합니다.

많이 생기는 결석의 종류

결석은 성분에 따라 여러 종류로 나눌 수 있습니다. 반려견에서 나타나는 결석으로는 스트루바이트, 옥살산칼슘, 요산염, 인산칼슘, 시스틴, 실리카 등이 있습니다. 이 중에서 반려견에서 가장 흔하게 발견되는 2가지 결석에 대해 알아보겠습니다.

스트루바이트 결석

스트루바이트 결석은 오줌이 알칼리성일 때 또는 세균감염이 있을 때 더 잘 생깁니다. 방광염을 일으키는 일부 세균들은 오줌의 요소성분을 암모니아로 분해해서 알칼리성 환경을 만들기 때문에 스트루바이트 결석이 생기기 좋은 여건이 됩니다. 또한 일반적으로 암컷이 수컷보다 요도가 짧기 때문에 몸 밖에서 세균이 침입해서 들어오기가 더 쉽습니다. 암컷이 비뇨기계의 감염 위험이 더 크며 스트루바이트 결석에 걸릴 확률도 더 높습니다.

옥살산칼슘 결석

옥살산칼슘 결석은 칼슘 옥살레이트 결석이라고도 부릅니다. 이 결석은 감염과는 큰 연관은 없으며 주로 마그네슘이 적고 산성뇨가 잘 생기게 하는 식이 때문에 발생합니다. 치료 이후에 재발이 잘 되는 편이므로, 수의사와 상담을 통해 적절한 식이를 계획해야 합니다.

어떻게 치료하나요?

치료는 결석의 위치 및 성분에 따라 다릅니다. 결석이 한번 생겼다면 치료 후에도 흔히 재발하기 때문에, 주기적인 검진이 필요합니다.

신장 결석

신장 결석은 증상을 유발하지 않는 경우가 대부분이므로, 특별한 치료가 요구되지 않습니다. 검진을 통해 신장 상태 평가 및 결석 확인이 필요할 수 있습니다. 하지만 결석의 크기가 커 신장에서 요관으로 뇨가 배출되는 부분을 결석이 막게 되면, 신장 기능을 저하시킬 수 있으며 이 경우 수술이 필요할 수 있습니다.

요관 결석

결석으로 인해 요관이 막히면, 신장에서 생성된 뇨가 요관을 통해 배출되지 못합니다. 시간이 지나면서 배출되지 못한 뇨는 신장에 지속적으로 고여 신장이 비정상적으로 커지고, 결국 신장 기능이 저하될 수 있습니다. 따라서 요관 결석을 진단받았다면 수술을 통해 결석을 제거해야 합니다.

방광 및 요도 결석

스트루바이트 결석의 경우 식이관리를 통해 결석을 없앨 수 있습니다. 하지만 결석의 크기가 크거나 다른 성분의 결석이라면 수술이 필요합니다. 세균성 방광염이 있다면 이에 대한 치료가 함께 진행되어야 합니다. 세균성 방광염이 나은 것 같다고 임의로 판단해서 치료를 중단하면 항생제 내성균이 생겨나 치료가 어려워질 수 있으므로, 꼭 수의사의 처방에 따라 약복용을 지속해야 합니다.

요도 결석은 크기가 크면 방광에서 뇨배출을 막아 배뇨를 못하게 되는 응급상황을 만들 수 있습니다. 따라서 우선 요도에 있는 결석을 방광으로 이동시키는 처치를 받아야 할 수 있으며, 방광으로 이동된 결석은 수술을 통해 제거할 필요가 있습니다.

집에서 어떻게 해주면 좋을까요?

결석의 종류에 따라 추천하는 식이 방법이 다릅니다.

스트루바이트 결석이 있는 경우, 단백질을 함량을 줄이는 것이 좋습니다. 또한 습식 사료를 먹이거나 건사료에 물을 추가하여 반려견이 충분히 많은 수분을 섭취할 수 있도록 도와주세요. 음식은 조금씩 자주 주는 것이 스트루바이트 예방에 좋습니다.

옥살산칼슘 결석이 있다면 마찬가지로 반려견이 충분한 양의 물을 먹을 수 있도록 하고, 칼슘과 옥살산염이 적게 든 사료를 주도록 합니다. 이렇게 하면 재발의 위험성을 낮추는 데 도움이 됩니다. 또한 체중에 따라 칼로리를 적절히 맞춘 식단을 계획하고 소화가 잘 되는 음식을 주는 것이 좋습니다.

결석에 따라 시판되는 처방식 사료가 있으므로 수의사의 조언에 따라 알맞는 사료로 식이관리를 하는 것이 필요합니다. 결석의 예방과 관리 방법으로 가장 중요한 것은 수분섭취이므로 반려견이 물을 자주 먹도록 해주세요.

DOG SIGNAL 119

꾸준한 식이관리와 충분한 수분공급을 통해 결석을 예방할 수 있습니다. 항상 깨끗한 물을 충분히 준비해주세요. 캔 사료와 같이 수분 함량이 많은 사료를 주는 것도 수분공급을 늘리는 방법입니다. 결석이 발생한 적이 있다면 지속적인 식이관리 및 검진이 필요합니다. 특히 결석이 있을 때 나타날 수 있는 증상인 혈액이 섞인 오줌, 악취가 나는 오줌을 발견했다면 동물병원에 가서 진료를 받는 것이 좋습니다.

세균성 방광염

오줌에서 악취가 나요

방광은 소변이 모이고 저장되는 장소로 이 곳에 세균이 감염되어 염증이 생긴 것이 세균성 방광염입니다. 소변이 만들어지는 신장에서 방광으로 세균이 이동하여 감염될 수도 있고 반대로 바깥 세균이 생식기를 통해 방광으로 들어와 감염될 수도 있습니다. 방광결석도 세균성 방광염의 유발요인 중 하나입니다.

우리 강아지, 세균성 방광염일까요?

- 오줌을 쌀 때 아파해요
- 오줌에 피가 섞여 있어요
- 오줌에서 악취가 나요
- 엉뚱한 곳에 오줌을 싸요
- 물을 많이 마셔요
- 오줌을 많이 싸요
- 오줌을 자주 싸요
- 생식기를 자꾸 핥아요

가장 흔한 증상은 악취 나는 오줌과 배뇨시 통증입니다. 자꾸 오줌이 마렵고 아프니까 다른 장소에 오줌을 싸버리기도 하는데 이것을 요실금으로 잘 못 생각할 수 있습니다. 요실금은 적은 양의 오줌이 여러 군데 똑똑 떨어져 있거나 묻어 있는 것이 특징이므로 잘 살펴봅니다.

발병 원인

세균성 방광염은 반려견의 일반적인 행동에서 발생합니다. 생식기를 핥거나 산책시 더러운 곳에 앉으면 외부 세균 노출에 의해 감염될 수 있고 수컷보다는 암컷에게 잘 생깁니다.

다음과 같은 이유로 세균성 방광염이 생길 수도 있습니다.

단순한 세균감염, 방광 결석, 방광 종양, 방광 기형, 다른 질환에 의한 합병증(당뇨, 쿠싱증후군, 갑상선기능항진증)

주로 방광에 있는 결석이나 종양이 방광벽을 자극해서 세균성 방광염이 발생할 때가 많습니다. 당뇨병의 합병증으로 세균성 방광염이 생기기도 합니다.

어떻게 치료하나요?

약물치료

세균성 방광염이면 항생제를 복용해야 합니다. 수의사는 검사 결과를 바탕으로 적절한 항생제를 처방해줍니다. 중요한 것은 세균성 방광염이 나을 때까지 주기적인 검사를 받아야 하며 꼭 수의사의 처방에 따라 약을 끝까지 잘 먹여야 한다는 것입니다. 항생제 복용을 하는 도중 수의사와 상의 없이 약물을 중단한다면 치료하기가 더욱 힘들어집니다. 방광 내 세균이 항생제에 대해 내성을 갖게 될 수 있기 때문입니다.

결석 치료

방광 결석이 있는 경우 결석에 대한 치료도 진행해야 합니다. 결석이 계속 방광을 지극하여 방광염이 재발할 수 있기 때문입니다.

DOG SIGNAL 119

반려견의 소변에 피가 섞여 있거나 소변에서 악취가 난다면 세균성 방광염일 수도 있으니 동물병원에서 진료를 받아보도록 합니다. 세균성 방광염은 직접적인 감염, 방광 결석 혹은 다른 질환에 의해 생길 수 있으며 치료를 위해서 약물 복용이 필요합니다.

만성신부전

소변을 너무 자주 봐요

신부전은 신장(콩팥)의 손상으로 인해 신장이 제 기능을 하지 못하는 질병입니다. 신장손상은 점진적으로 진행되어 나이든 반려견에서 주로 관찰됩니다. 다양한 원인들이 신장에 돌이킬 수 없는 손상을 일으킬 수 있기 때문에 신부전을 일으킨 정확한 원인을 알아내기는 어렵습니다. 예를 들어 사구체신염, 선천적인 질병, 요로 결석, 종양, 특정 약물 등이 신장에 손상을 주는 잠재적인 원인들입니다.

우리 강아지, 만성 신부전 일까요?

신장이 60~70% 이상 손상되지 않는 이상 다른 부분이 손상된 부분을 충분히 보충하면서 제 기능을 하기 때문에 손상 초기에는 아무런 증상을 보이지 않는 경우가 대부분입니다. 그러나 신장이 점차 손상되면서 만성 신부전에 걸리면 다음의 증상들을 보일 수 있습니다.

- 물을 많이 마셔요
- 소변을 많이 싸요
- 체중이 감소했어요
- 밥을 잘 안 먹어요
- 구토를 해요

- 입 냄새가 나요
- 입에 궤양이 생겼어요
- 털이 푸석해요

또한 만성 신부전 환자에서는 배설되어야 할 물질이 잘 배설되지 않기 때문에 심한 입 냄새가 날 수 있습니다. 입 안에서 궤양이 확인될 수 있습니다. 같은 이유로 털이 흐트러지고 푸석푸석하게 확인되는 경우가 많습니다.

탈수 증상이 심하게 관찰되는 경우도 있습니다. 반려견이 갈증을 느끼는데 물을 충분히 공급해 주지 않았거나 식욕이나 물을 마시려는 의지가 없는 경우 혹은 구토를 한 경우에서 탈수 증상이 주로 확인됩니다. 입 안의 점막이 건조하거나 반려견의 등을 살짝 꼬집었을 때 탄력이 없고 꼬집은 모양이 유지된다면 탈수일 수 있습니다. 탈수는 신부전을 더욱 악화시키는 요인이므로 탈수가 의심된다면 동물병원에 데려가야 합니다.

만성 신부전 발병 과정은?

신장에 손상이 유발되면 오줌으로 배설되어야 하는 물질들이 몸에 축적됩니다. 신장에 손상을 주는 원인에 얼마나 심각하게 또는 얼마나 오래 노출되었는지에 따라서 수 주에서 수 년에 걸쳐서 질병이 서서히 진행됩니다. 신장에 손상을 입은 부분이 적을 때에는 정상적인 부분이 제 역할을 잘 수행하기 때문에 별다른 문제를 보이지 않습니다. 하지만 손상 범위가 늘어나면 신장이 제 기능을 못하고 있다는 것이 증상과 검사상의 수치 변화 등으로 확인이 됩니다. 일반적으로 신장의 약 60~70%가 손상을 입으면 오줌으로 배출되어야 하는 물질이 몸에 쌓이게 되므로 각종 문제가 유발됩니다. 검사상에서는 BUN, 크레아티닌의 수치가 증가할 수 있습니다.

신장손상이 가져오는 질병

신장이 오줌을 농축하는 제 기능을 하지 못하기 때문에 물이 평소보다 많이 오줌으로 배출되므로 오줌을 자주 그리고 많이 싸는 것이 확인됩니다. 같은 이유로 물을 많이 배출하기 때문에 목이 빨리 마르게 되어 물도 많이 마시게 됩니다.

오줌으로 질소대사물, 독소가 원활히 배출되지 못해서 소화기계가 손상을 받고 소화기계 염증이나 궤양이 발생할 수 있습니다. 심한 경우 소화기계에 출혈도 일어날 수 있습니다. 또한 신장은 적혈구 생산을 촉진하는 성분을 만들어내는데, 신장에 문제가 생겨 이 성분이 줄어들면 적혈구 생산이 감소해서 빈혈이 발생할 수 있습니다.

어떻게 치료하나요?

만성 신장 질환의 치료는 질병 진행 속도를 늦추는 것입니다. 몸 밖으로 배출되어야 할 물질들이 몸 속에 축적되어 생기는 부정적인 영향을 최대한 줄이는 것이 치료의 목표입니다. 주로 질소 노폐물이 몸에 쌓이지 않도록 도움을 주는 보조적인 약을 복용하게 됩니다. 가능하다면 반려견도 투석 치료를 받을 수도 있습니다.

탈수는 신장 문제로 몸에 축적된 배설물을 더 농축되게 하는 셈입니다. 따라서 탈수 상태를 개선시키는 치료를 받게 됩니다. 반려견을 동물병원에 데려가 수액처치를 받고 집에서는 반려견이 탈수가 되지 않도록 항상 충분한 물을 공급해 주어야 합니다.

만성 신부전 때문에 고혈압, 식욕감소, 구토, 궤양, 빈혈 등이 발생했다면 이에 대한 치료가 함께 필요합니다.

집에서 어떻게 해주면 좋을까요?

치료적 의미에서도 만성 신부전 환자에서의 식이관리는 매우 중요합니다. 특히 인*Phosphorus*의 섭취 제한은 진행 속도를 늦추는 것으로 알려져 있으며 신장 환자에서 치방식을 주는 가장 중요한 이유이기도 합니다.

또한 신부전 환자에게는 저단백 식이가 추천되며 체중이 감소되지 않도록 충분한 칼로리를 섭취하게 해주는 것이 필요합니다. 어떠한 음식이든지 간에 음식을 주지 않는 것보다는 좋으므로 처방식을 1순위로 두고 주되 혹시나 안 먹고 오히려 살이 빠지는 경우라면 잘 먹게 할 수 있는 방법에 대한 고민이 필요합니다.

또한 충분한 수분공급이 신부전 환자에서 굉장히 중요합니다. 따라서 반려견이 언제든 마실 수 있도록 충분한 물을 공급해주며 습식 사료를 주어 물의 섭취를 늘리는 것도 좋은 방법입니다. 습식 사료를 주지 않는 경우, 먹을 것에 물을 섞어서 주는 것도 한 방법일 수 있습니다.

DOG SIGNAL 119

만성신부전은 나이든 반려견에서 주로 확인되는 노령성 질병입니다. 초기에는 물을 많이 마시고 소변량이 증가하는 변화를 보일 수 있으며 이미 많이 진행된 경우 심한 입냄새, 구강 궤양, 푸석한 털과 피부 상태를 보일 수 있습니다. 만성신부전은 질병의 진행 속도를 늦추는 것이 치료의 목표입니다. 또한 수분공급, 단백질 제한, 인의 섭취 제한 등의 식이관리가 상당히 중요합니다.

요실금

찔끔찔끔 여기저기 쉬를 해요

요실금이 있는 반려견은 여기저기 소변을 지립니다. 예절 교육의 부족으로 인한 배뇨 실수와 헷갈릴 수 있는데 적은 양의 소변이 여러 군데 똑똑 떨어져 있거나 반려견이 있던 자리에 적은 양의 소변이 묻어 있는 것이 요실금의 특징입니다. 요실금 증상은 특히 반려견이 잠을 잘 때 더 잘 나타납니다. 따라서 반려견의 잠자리가 소변에 젖어 있는 경우도 많습니다.

발병 원인

호르몬 문제

몸에는 소변의 배출을 의식적으로 조절할 수 있는 근육이 있기 때문에 소변을 누려고 할 때에만 소변을 눌 수 있습니다. 이 근육을 의식적으로 조절하는데 중요한 영향을 끼치는 것이 성호르몬(에스트로겐)입니다. 중성화를 한 반려견(특히 암컷)에서는 이 호르몬이 거의 없거나 적은 양만 존재합니다. 따라서 중성화를 한 암컷에서 요실금이 더 잘 발생합니다. 또한 나이가 들면서 자연스럽게 성호르몬이 감소하기 때문에 요실금이 나타날 확률이 높아집니다.

신경 손상

배뇨 관련 근육을 조절하는 신경이 손상을 입으면 배뇨 근육이 통제가 잘 안되므로 요실금이 나타날 수 있습니다.

선천적인 이상

태어날 때부터 방광, 요관, 요도 등의 비뇨기계가 기형인 경우 요실금이 나타날 수 있습니다. 선천적인 문제로 인한 요실금은 주로 어린 나이부터 확인됩니다.

이외에도 당뇨, 쿠싱증후군, 부갑상선 항진증이 있을 때에도 요실금 증상이 동반될 수 있습니다. 반려견이 비만이라면 요실금 증상이 악화될 수 있으며 방광 내 종양이 있을 경우 수컷에서는 전립선 질환이 있는 경우에도 요실금 증상이 나타날 수 있습니다.

어떻게 치료하나요?

요실금을 유발하는 원인에 따라 치료방법이 달라지므로 동물병원에서 진단과 그에 따른 치료를 받아야 합니다.

약물치료

요실금을 유발하는 원인이 호르몬 문제라면 부족한 호르몬을 대체해주는 약물치료로 요실금 증상을 개선할 수 있습니다. 적절한 양의 약물치료를 꾸준히 받아야 하며 평생 약을 복용해야 할 수 있습니다.

수술

선천적으로 이상이 있거나 약물치료로 개선이 되지 않는다면 수술을 해서 개선할 수 있으며 일반적인 성공률은 50% 정도에 달합니다.

원인 질환의 치료

당뇨, 쿠싱증후군과 같이 특정 질환에 동반되어 나타나는 요실금의 경우 해당 질환에 대한 치료도 필요합니다.

추가적으로 비만인 환자라면 살을 빼는 것이 요실금 증상 개선에 도움이 됩니다. 치료가 되지 않는다면 기저귀를 채울 수 있습니다.

DOG SIGNAL 119

요실금은 중성화 한 암컷에서 나타나는 경우가 많습니다. 요실금의 원인은 다양하나 가장 흔한 원인은 호르몬 문제이기 때문에 꾸준한 약물치료로 개선될 수 있습니다. 사람도 나이가 들면 요실금이 생기듯이 반려견도 마찬가지일 수 있습니다. 그저 불편하다고 생각할 것이 아니라 치료를 해줌으로써 그 불편을 감소시켜 줄 수 있습니다.

이행세포암

방광에 발생하는 종양

방광에서 암이 발생하는 비율은 전체 암의 비율을 고려하면 2%로 드문 편이지만 비뇨기계에서는 방광에서 종양이 가장 많이 생깁니다. 방광에서 가장 흔하게 발생되는 암은 이행세포라는 세포에 생기는 이행세포암(Transitional cell carcinoma, TCC)입니다.

방광은 뇨를 저장하는 장기로 쉽게 늘어났다가 줄어들 수 있는 풍선같은 모습을 하고 있습니다. 이렇게 쉽게 늘어났다가 줄어들 수 있는 것은 방광이 이행세포라는 독특한 세포로 이루어져 있기 때문입니다. 방광의 이행세포에 암이 생긴 것을 이행세포암이라 합니다. 반려견에서 이행세포암은 주변 림프절, 폐, 간, 뼈와 같은 다른 장기로의 전이가 될 수 있어 위험합니다. 방광 내에서, 종양이 소변이 빠져나가는 자리에 생기면, 소변을 누기 어려워지므로 생명을 위협할 수도 있습니다.

우리 강아지, 이행세포암일까요?

- 오줌에 혈액이 섞여 있어요
- 오줌을 눌 때 아파해요
- 오줌을 자주 싸요
- 오줌을 못 싸요

이러한 증상을 보이면 동물병원에 가서 진료를 받아야 합니다. 다만 비뇨기계 결석이나 세균성 방광염이 있을 때에도 흔히 나타날 수 있는 증상이므로 증상만 보고 이행세포암인지를 알 수는 없습니다. 동물병원에서 검사를 통해 이행세포암인지 평가하게 됩니다.

어떻게 치료하나요?

대부분 약물치료로 관리를 합니다. 방광 내 이행세포암의 위치 등에 따라 수술이 필요할 수도 있습니다. 이행세포암은 악성종양으로 완치가 매우 어렵습니다. 치료를 통해 암 세포 크기를 줄이거나 더 이상 성장하지 않게 하여 고통을 줄여줌으로써 삶의 질을 향상시키는 것이 치료의 주요 목표입니다. 일반적으로 약물치료를 하게 되면 생존일은 195일 정도 된다고 알려져 있으나 다른 장기로 전이가 되었다면 악성종양인 만큼 경과를 예측하기 힘든 것이 사실입니다. 다른 장기로 암이 전이되었거나 암으로 인해 오줌을 싸지 못하는 상황이 온다면 경과는 매우 좋지 않습니다.

DOG SIGNAL 119

이행세포암은 악성종양으로 완치를 기대하기는 힘드나 약물치료를 통해 고통을 줄여 남은 기간 반려견이 행복한 삶을 살 수 있도록 해 줄 수 있습니다. '치료'란 꼭 완치를 의미하는 것이 아닙니다. 남은 기간 동안 암세포가 자라지 않게 하고 고통을 없애주며 그로 인해 삶의 질을 향상 시켜주는 것 또한 중요합니다.

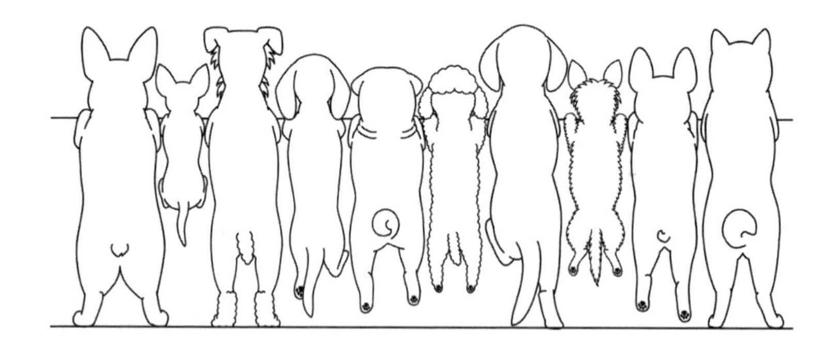

CHAPTER 12
생식기

중성화 수술

꼭 해야 할까요?

반려견을 입양하고 가장 먼저 고민하게 되는 것이 중성화 수술입니다. 중성화 수술의 장단점은 무엇이고 언제 진행을 하는 것이 좋을 지 알아봅시다.

중성화를 해야 하는 이유

생식과 관련된 행동학적 요인과 반려견의 스트레스를 줄입니다

발정기가 다가오면 암컷은 생식기에서 출혈이 일어나며 탈출하고 싶은 욕구와 이로 인한 스트레스가 강해집니다. 중성화 수술을 하면 이러한 스트레스로부터 벗어날 수 있습니다. 마찬가지로 수컷의 경우에도 중성화를 하게 되면 성호르몬과 관련된 공격성과 마킹 행동(집 안 곳곳에 배뇨를 하여 영역표시를 하는 것), 탈출욕구를 줄여줄 수 있습니다.

질병을 예방합니다

암컷 중성화는 자궁축농증이 생기는 것을 막고 유선종양의 발생률을 줄여줍니다. 또한 위임신과 같은 행동을 예방할 수 있습니다. 수컷의 경우 고환암의 위험과 전립선 질환의 발생률을 줄일 수 있습니다. 수컷 중에서 잠복고환(고환이 밑으로 내려오지 않고 복강이나 서혜부에 잠복되어 있는 상태)인 경우 수술을 해주지 않으면 추후에 고환암으로 발전하게 되므로 예방적 차원에서 중성화 수술이 필요합니다.

질병의 치료의 한 방법입니다

중성화 수술은 고환과 난소 질환, 자궁축농증을 치료하는 한 방법이며 성호르몬이 관련되어 있는 질환의 부수적인 치료법이기도 합니다. (유선종양, 회음부 허니아, 전립선 종양)

유전질환의 세대 이전을 방지합니다

심각한 유전질환이 있는 개들은 번식을 하지 않는 것이 권장되므로 중성화 수술이 필요합니다.

중성화의 단점

생식능력이 사라집니다

중성화를 하게 되면 생식능력이 사라져 번식을 할 수 없게 됩니다.

수술과 관련된 위험이 따를 수 있습니다

대부분의 중성화 수술은 수술 시간이 길지 않고 건강한 상태에서 진행하는 경우가 많기 때문에 위험성은 낮은 편입니다. 하지만 중성화 역시 마취가 필요한 '수술'이기 때문에 수술과 관련된 출혈이나 감염, 마취의 위험이 따를 수 있습니다.

중성화 후 살이 찔 수 있습니다

중성화를 하고 나면 성호르몬과 관련된 에너지 소비량은 줄어드는 반면 식욕은 증가합니다. 따라서 반려견은 수술 후 똑같은 양을 먹어도 살이 찌게 됩니다.

수컷의 경우, 수술 후 일시적으로 기력이 저하될 수 있습니다

수컷 반려견은 중성화 후 차분해지고 주변 환경에 무관심해지는 등 무기력한 모습을 보일 수 있습니다. 하지만 대부분 다시 기력을 회복합니다.

중성화하기 적합한 시기는 언제인가요?

보통 반려견의 백신접종이 끝나고 첫발정이 오기 전인 5~6개월 시기 때 중성화를 해주는 것이 좋습니다. 암컷의 경우에서는 첫 번째 발정 이전에 중성화를 했을 때 유선종양의 발생률이 1% 미만으로 크게 떨어집니다.

만약 암컷의 경우 첫 번째 발정 전에 중성화를 해주지 못했다면 그 다음 발정기가 올 시기의 중간 즈음에 해주는 것이 가장 좋습니다. 이 시기가 호르몬의 활성이 가장 적은 시기이기 때문입니다. 암컷은 약 6개월마다 발정이 오기 때문에 발정이 온지 3개월 뒤에 중성화 수술을 하는 것이 좋습니다.

집에서 어떻게 해주면 좋을까요?

수술 후에는 안정을 취하게 해주며 수술부위가 심하게 붓거나 피가 나지는 않는지 잘 확인합니다. 특히 반려견이 수술부위를 핥을 수 있기 때문에 넥칼라를 잘 착용시켜야 합니다. 수컷은 중성화 수술시 고환이 있는 피부까지 없애는 것이 아니기 때문에 수술 후에도 고환이 있는 것처럼 보일 수 있습니다. 하지만 이 부분은 서서히 오므라들며 사라지게 됩니다.

또한 식이조절을 통해 반려견 체중이 늘지 않도록 신경써 주어야 합니다. 보통 반려견이 수술 전에 먹던 양에서 10~30% 정도 칼로리를 낮춘 식이를 주는 것이 좋습니다. 식이조절이 잘 되지 않는다면 체중조절을 위한 처방식 사료를 먹이는 것이 도움이 됩니다.

체중감량 사료에는 섬유질 함량이 많아서 칼로리가 낮고, 적은 양을 먹더라도 쉽게 포만감을 느낄 수 있습니다. 또한 주기적으로 체중을 측정해서 살이 찌지 않는지 확인합니다.

DOG SIGNAL 119

중성화 수술은 반려견의 백신접종이 모두 끝나고 첫 발정기가 오기 전인 5~6개월령에 해주는 것이 가장 좋으며 수술 후에는 반려견의 체중이 늘거나 수술 부위가 덧나지 않도록 신경써 주어야 합니다.

자궁축농증

중성화하지 않은 반려견의 응급 질환

자궁축농증은 말 그대로 자궁에 농이 찬 질병입니다. 자궁 속에 분비물이 과도하게 축적되고 세균에 감염되어 발생합니다. 자궁축농증은 제때 치료하지 않으면 생명을 위협할 수도 있는 매우 위험한 질환입니다.

우리 강아지, 자궁축농증일까요?

- 생식기 주위에 분비물이 묻어 있어요
- 생식기 주위에 농이 묻어 있어요
- 피곤해해요
- 기운이 없어요
- 밥을 잘 안 먹어요
- 물을 많이 마셔요
- 구토를 해요
- 입 안의 점막이 건조해요

시기적으로 자궁축농증은 발정기 이후에 주로 발생합니다. 반려견의 생식기 주위로 농이 묻어나올 수 있으며 혈액이 함께 묻어나기도 합니다. 자궁축농증에 걸린 반려견은 굉장히 피곤하거나 졸려 보이며 밥을 잘 먹지 않고 물을 많이 마시는 등의 증상을 보입니다. 농이 묻어 있는 것이 보이지 않더라도 중성화 수술을 받지 않은 암컷이 증상을 보이는 경우 자궁축농증의 가능성을 고려하여 동물병원에서 진료를 받는 것이 좋습니다. 물을 많이 마시는지 여부는 24시간 동안 마신 물의 양이 100 × 몸무게 (kg) ml 이상일 때를 기준으로 합니다. 농이 바깥으로 나가지 않고 자궁 내에 축적된다면 세균 독소가 온 몸에 퍼져 심각한 증상을 보일 가능성이 더욱 높습니다. 심해지면 구토를 흔히 보이며 탈수, 저혈압 쇼크 등으로 사망할 수 있습니다.

발병 원인

자궁이 임신을 준비하고 그 상태를 유지할 수 있는 것은 프로게스테론이라는 호르몬의 작용 때문입니다. 이 프로게스테론 주기가 길게 지속되면 자궁 내에 액체가 쌓일 수 있습니다. 이때 세균감염이 일어나면 자궁에 농이 차는 질병인 자궁축농증이 발생합니다.

농은 바깥으로 배출되지 않고 자궁 내에 고여 있을 수 있으며 바깥으로 농이 새어 나올 수도 있습니다. 농에는 세균감염으로 인해 생겨난 독소가 있을 수 있는데 농이 자궁에 정체되면 독소가 몸 속 순환계를 통해 퍼져서 몸 곳곳에서 독소로 인한 부작용이 나타날 우려가 있습니다.

또한 세균과 맞서기 위해서 몸에선 면역복합체를 생성하는데 면역복합체가 과도하게 생기면 신장에 손상을 유발할 수 있습니다. 심한 신장손상이 일어나면 신장기능을 제대로 못하는 신부전에 이를 수 있습니다.

또한 자궁축농증에 걸린 반려견에서 자궁이 파열되는 경우도 있습니다. 자궁이 파열되면 자궁 내에 있는 농이 퍼지기 때문에 복막염(복강 내부를 둘러싸고 있는 얇은 막에 염증이 생기는 것) 및 다른 복강 장기에 염증이 퍼지고 이는 생명을 위협할 수 있습니다.

어떤 강아지에게 주로 걸리나요?

자궁축농증은 중성화하지 않은 암컷에서만 발생하는 질병입니다. 성 성숙기가 지난 중성화하지 않은 암컷 반려견이라면 발생 가능성이 있으며 특히 중년기~노령기의 임신한 적이 없는 암컷에서 가장 많이 발생합니다.

어떻게 치료하나요?

수술을 진행할 수 있는 컨디션이라면 중성화 수술을 진행합니다. 하지만 자궁축농증 환자의 상태가 심각해지면 마취를 하기 어려워지므로 수액 및 약물처치를 통한 상태 안정화 후에 수술이 이루어집니다. 따라서 반려견이 자궁축농증의 증상을 보인다면 상태가 많이 악화되기 전에 동물병원에 빨리 가서 응급 진료를 받는 것이 필요합니다.

DOG SIGNAL 119

중성화 수술을 받지 않은 암컷이 밥을 잘 먹지 않고 피곤해하거나 물을 많이 마신다면 자궁축농증의 가능성이 있으므로 동물병원에서 진료를 받는 것이 좋습니다. 자궁축농증은 자궁 안에 농이 차는 질병으로 질병의 진행 속도가 빠른 응급 질환입니다. 또한 세균 독소가 몸에 퍼지면서 생명을 위협할 수도 있습니다. 자궁축농증과 관련된 증상을 보일 때에는 응급상황일 수 있다는 의식을 가지고 대처하는 것이 필요합니다.

임신

충분한 준비가 필요해요

사람도 임신을 위해 많은 준비가 필요하듯 강아지 역시 마찬가지입니다. 단순하게 우리 강아지와 닮은 새끼들을 같이 키우고 싶다는 마음보다는 또 다른 강아지들이 태어나고 15년 이상을 살아갈 것을 생각하며 유전 질환이 적은 건강한 강아지를 교배합니다.

우리 강아지, 임신일까요?

배가 평소보다 더 불러보이고 유선이 발달하며 유즙까지 나온다면 의심해 볼 수 있습니다. 반려견에게서 사용 가능한 임신 키트는 아직 개발되어 있지 않습니다. 따라서 임신을 확실하게 진단하는 방법은 반려견이 교배한 지 20일 이후에 동물병원에서 초음파 검사를 하거나 교배한지 40일 이후에 방사선 검사를 통해 확인 가능합니다. 특히 방사선 검사를 통해 미리 새끼 수를 확인해두어야 출산 때에 혹시나 안 나온 새끼가 있는지 알 수 있습니다. 방사선 검사 시 노출되는 방사선량이 태아에게 미치는 영향은 거의 없다고 볼 정도로 미미합니다.

언제 새끼가 나올까요?

분만일은 교배를 시작한 때로부터 58~72일입니다. 암컷의 생식기관 내에서 정자가 보통 7일 이상 살아있을 수 있기에 정확한 분만일자 예측은 쉽지 않습니다.

개의 임신기간은 약 63일이므로 우선 2달 정도로 생각을 해두고 어미개의 행동을 잘 관찰하는 것이 중요합니다. 출산 일주일 정도 전부터 어미는 어두운 구석을 찾으며 열심히 바닥을 긁는 행동을 보입니다. 출산 예정일을 알기 위해서 집에서 비교적 쉽게 할 수 있는 것으로는 체온측정이 있습니다. 분만 하루 전에 평소보다 체온이 1℃ 정도(37℃ 정도로) 떨어집니다. 또한 분만 전에는 사료나 음식을 먹지 않고 간헐적으로 구토를 하며 배변 배뇨를 자주합니다.

무엇을 미리 준비해야 할까요?

임신했을 때부터 영양관리가 중요합니다. 임신견은 단백질, 지방, 칼슘 등 영양소의 소비뿐 아니라 열량 소비가 엄청나므로 이에 맞는 사료를 주어야 합니다.

어미개가 편하게 휴식할 수 있는 공간을 마련해줍니다. 또는 평소에 쓰던 집을 사람의 왕래가 많지 않은 곳으로 옮겨줍니다. 그리고 수건을 여러 장 깔아줍니다. 보통 새벽에 새끼를 낳는 경우가 많으므로 집 근처에 밤에 찾아갈 수 있는 동물병원을 알아두도록 합니다.

반려견의 출산을 위해서는 깨끗한 거즈와 수건, 따뜻한 물과 가위가 필요합니다. 보통 어미가 탯줄을 직접 끊지만 어미 힘이 부족한 경우 가위를 사용해야 하는 데 그 경우 가위를 불에 소독을 하고 잘라줍니다.

새끼가 나온 후에는 어미가 핥도록 하거나 코에 있는 물기를 털어주는 느낌으로 흔들어줍니다. 새끼의 체온유지와 숨을 쉬는 것을 도와주기 위해 털을 수건으로 부드럽게 문질러줍니다.

한편, 새끼가 출산될 때마다 태반이 함께 나오는지 확인합니다. 태반은 새끼의 수만큼 출산 15분 이내로 나와야 하며, 그렇지 않을 경우 태반 정체가 발생할 수 있습니다. 태반 정체로 인해 자궁 내 염증이 유발되어 어미가 위험해질 수 있으므로, 태반이 나오지 않는다면 동물병원에 내원하여 검사 및 치료를 받아야 합니다.

젖이 나오는데 임신인가요?

빠르면 출산 2주 전이나 며칠 전부터 젖이 나오기 시작합니다. 다만 젖이 나오는 것만으로는 임신인지 알 수 없습니다. 반려견에서 상상임신은 비교적 흔한 편인데 상상임신이 되면 임신을 한 것 같은 행동을 보입니다. 임신 때와 같은 호르몬이 나와 한 달 정도 지나면 임신견처럼 유선이 발달하고 2달 정도 지나면 유즙이 나옵니다. 이러한 상상임신이 반복되고 앞으로 교배를 시킬 예정이 없다면 동물병원에 가서 약물치료 혹은 중성화 수술을 해주는 것이 좋습니다.

DOG SIGNAL 119

반려견이 임신을 했다면 엄청난 열량과 영양소 소비를 메꾸어 줄 수 있는 사료를 주며 평온한 공간을 만들어 주어야 합니다. 배가 불러오고 유선이 발달하며 유즙이 나온다면 임신을 의심할 수 있지만 상상임신인 경우도 있기에 확진하기 어렵습니다. 보다 정밀한 방사선 검사와 초음파 검사가 필요합니다. 분만 전에 보이는 행동을 잘 체크하고 주기적으로 체온을 측정하여 준비된 상태에서 출산을 맞이합시다.

난산

새끼가 안 나와요

반려견 100마리 중 5마리 이상은 난산일 정도로 난산은 흔합니다. 특히 불독, 페키니즈, 퍼그와 같은 코가 짧은 품종 혹은 치와와 같이 머리가 상대적으로 큰 품종은 난산의 발생률이 높기 때문에 난산에 대한 기본적인 준비가 필요합니다.

어떤 경우가 응급상황인가요?

일반적으로 출산예정일보다 1주일을 넘었을 때가 난산으로 평가하는 기점이 됩니다. 그때는 동물병원에서 초음파나 방사선 검사를 이용하여 새끼들이 잘 있는지, 산모는 건강한지 등을 평가하게 됩니다.

생식기에서 막이 보이기 시작한 시점으로부터 15분 이상 다음 단계로 진행되고 있지 않을 때 난산으로 평가합니다. 그때는 바로 동물병원에 가서 난산에 대한 처치를 받아야 합니다. 어미와 새끼 모두 위험할 수 있습니다.

이외에도 어미가 출산을 하지 않고 계속 울면서 생식기 주변을 핥거나 무는 행동을 보이거나 생식기에서 많은 양의 혈액이 나오거나 악취를 풍기는 녹색 액체가 보인다면 응급상황일 가능성이 높으므로 즉시 동물병원을 찾아야 합니다.

또한 임신 검사에서 확인한 새끼 강아지 수를 반드시 기억해야 합니다. 앞선 새끼 강아지가 나오고 다음 번 새끼 강아지가 3~4시간 안에 나오지 않는다면 난산일 수 있습니다. 또한 어미가 강하게 힘을 주는 데도 30분 이상 나오지 않는다거나 양수가 터지고 90분 내로 새끼가 나오지 않는다면 난산입니다.

무조건 수술을 해야 하나요?

그렇지는 않습니다. 수술을 해야 하는 경우도 있지만 약물처치 또는 보조적인 방법으로 난산에 대한 처치가 가능합니다. 하지만 약물처치에도 반응이 없는 경우, 어미의 상태가 좋지 않은 경우, 지나치게 비만인 경우, 자궁에 문제가 있는 경우 그 외에도 산도의 크기에 비해 지나치게 새끼가 큰 경우 제왕절개를 해야 합니다.

DOG SIGNAL 119

출산예정일을 1주일 넘었을 때, 힘을 주는 데 30분 이상 안 나올 때, 양수가 터지고 90분 내로 새끼가 나오지 않을 때, 다음 새끼 강아지가 나오기 까지 3~4시간 이상 반응이 없을 때는 난산일 수 있습니다. 난산이 의심된다면 동물병원에 데려가야 하며 난산에 대한 처치는 약물처치, 비수술적 보조적 처치, 제왕절개 등으로 상황에 따라 이뤄집니다.

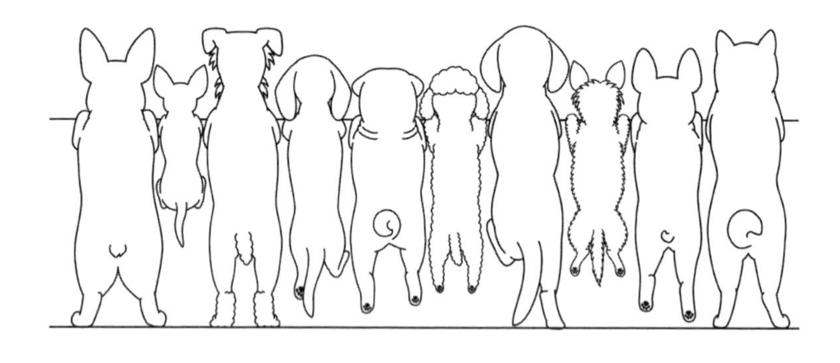

CHAPTER 13
종양

유선종양

암컷 반려견의 주요 종양

유선종양은 암컷 개에서 가장 흔하게 발생하는 종양으로 중성화하지 않은 나이 든 암컷일수록 발생률이 증가합니다. 강아지는 총 10개의 유선을 가지고 있으며 어느 유선이든 발병할 수 있습니다.

우리 강아지, 유선종양일까요?

유선종양은 양성과 악성으로 나눌 수 있습니다. 양성종양과 악성종양이 겉보기에는 별다른 차이가 없는 경우가 많아, 검사를 통해 진단합니다.

1. 양성종양

반려견의 유선종양 중 절반 정도가 양성입니다. 유선을 만져보았을 때 혹 덩어리가 만져지지만 그 밖에 다른 증상은 나타나지 않을 수 있습니다.

2. 악성종양

악성종양이라면 보호자가 느끼기에 종양이 커지는 속도가 빠를 수 있습니다. 악성종양으로 인해 반려견은 다음과 같은 증상을 보일 수 있습니다.

폐로 전이되었을 경우	기침, 호흡곤란 등의 호흡기증상, 증상이 없는 경우도 있음
염증성 악성종양인 경우	유선 주위 피부가 붉어지고 통증을 느끼며 부음. 심할 경우 다리까지 붉어지고 부음.

염증성 악성종양은 악성 유선종양의 한 종류입니다. 악성 유선종양이 전이되더라도 별다른 증상이 나타나지 않는 경우가 많습니다. 증상을 보이는 경우에는 전이된 장기에 따라서 다양한 증상이 나타나며 유선종양은 주로 폐로 많이 전이되므로 호흡기 관련 증상을 보일 수 있습니다.

유선종양은 어느 종에서든 발생하며 노령의 중성화하지 않은 암컷에서 주로 발생합니다. 반면 수컷은 유선종양의 발생률이 매우 낮습니다.

발병 원인

유선종양이 발생하는 이유는 명확하지 않으나 유선의 발달에 영향을 미치는 호르몬인 에스트로겐과 프로게스테론 등이 유선종양의 발생과 관련이 있는 것으로 보고 있습니다. 암컷 개가 중성화 수술을 받고 나면 에스트로겐과 프로게스테론의 양이 줄어드므로 유선종양의 발생 가능성도 줄어듭니다. 중성화 수술의 유선종양 예방 효과는 중성화 수술을 하는 시기에 따라 다릅니다.

암컷의 첫 발정 전에 중성화 수술	→	유선종양의 발생률은 1% 미만
첫 발정 이후 중성화 수술	→	유선종양의 발생률은 발생률은 8%
두 번째 발정 이후 중성화 수술	→	유선종양의 발생률은 26%

위와 같이 중성화 수술을 늦게 해줄수록 유선종양의 발생률은 높아집니다. 또한 연구에 따르면 중성화 수술을 하지 않은 개의 25%는 죽기 전에 유선종양에 걸리게 됩니다. 따라서 유선종양을 예방하기 위해서 중성화 수술을 고려하고 있다면 첫 발정 전에 중성화 수술을 해주는 것이 가장 도움이 됩니다.

어떻게 치료하나요?

수술이 주요 치료방법입니다. 유선종양을 조기에 진단하여 수술할 경우 경과가 더 좋은 편입니다. 유선종양의 크기나 개수, 종류에 따라서 수술 결과가 달라질 수 있습니다.

집에서 어떻게 해주면 좋을까요?

흔히 종양이 있는 반려견들은 식욕을 잃게 되고 체중도 빠집니다. 영양을 잘 보충해주는 것이 반려견의 활력을 키워주고 삶의 질을 높여주는 데 아주 중요합니다. 또한 수술 후에도 밥을 잘 먹이는 것이 회복과정에도 도움이 되며 술후 합병증도 예방할 수 있습니다. 따라서 반려견이 밥을 잘 먹어 충분한 영양을 섭취할 수 있도록 반려견이 좋아하고 잘 먹는 것을 주는 것이 중요합니다. 반려견이 잘 먹지 않는다면 지방 함량이 비교적 높은 고칼로리 식이를 주는 것도 방법입니다.

DOG SIGNAL 119

암컷에서 첫 발정 이전에 중성화 수술을 해준다면 유선종양의 발생률이 1% 미만으로 감소합니다. 만약 반려견에게서 유선 주위로 덩어리가 만져진다면 동물병원에 가서 진료를 받고 적절한 치료를 받는 것이 좋습니다.

지방종

부드럽고 말랑말랑한 혹 덩어리

지방종은 강아지 피하 조직에 매우 흔하게 생기는 말랑한 혹 덩어리입니다. 지방종이 생기는 원인은 아직 밝혀지지 않았으며 지방세포들의 이유를 알 수 없는 성장으로 인해 발생하는 것으로 알려져 있습니다.

지방종의 양상 및 자주 발생하는 부위는?

지방종은 주로 원형 또는 계란 모양으로 발생합니다. 지방종을 만져보면 뱃살처럼 부드럽고 말랑말랑한 탄력이 느껴지는 편입니다. 대부분 포도알 정도의 작은 크기부터 골프공 정도의 크기로 관찰됩니다. 더욱 크게 관찰되는 경우도 있으나 대부분 별다른 문제를 일으키지 않습니다. 하지만 드물게 침습성으로 파고 들어가는 지방종도 발생할 수 있습니다. 자주 발생하는 부위는 몸통과 앞다리입니다. 하지만 다른 종양도 말랑말랑하게 만져질 수 있으므로 보호자 임의로 지방종으로 판단하는 것은 위험합니다.

어떻게 치료하나요?

지방종은 자연적으로 없어지지는 않습니다. 따라서 지방종 제거를 원하는 경우 수술이 필요합니다. 다만 대부분 양성이므로 수술 없이 두어도 문제가 되는 경우는 거의 없습니다. 수술은 지방종의 크기와 위치 그리고 이후에 크기가 커질 경우에 일어날 수 있는 잠재적인 불편함 등을 수의사와 상담한 후에 결정하면 됩니다.

수술은 간단한 편입니다. 수술 후의 부작용은 드물며 수술 경과도 좋은 편입니다. 다만 일부 아래로 파고드는 지방종은 수술 이후에도 지방종이 다시 생길 수 있습니다.

DOG SIGNAL 119

부드럽고 말랑말랑한 혹 덩어리가 만져지는 경우 지방종을 의심해볼 수 있습니다. 동물병원에서 지방종으로 진단받은 경우 수의사와의 상담을 통해 수술 여부를 선택하게 됩니다. 수술하지 않아도 문제가 되지 않는 편이나 강아지가 불편할 것 같다면 수술을 선택할 수 있습니다. 적절한 수술시 경과는 좋습니다.

비만세포종

가장 흔한 피부 종양

비만세포종은 비만세포의 종양성 증식으로 인해 발생하는 종양입니다. 비만세포라고 하면 흔히 뚱뚱한 지방세포를 떠올리기 쉽지만 사실 살 찌는 것과는 별로 상관이 없는 세포입니다. 오히려 알러지 반응과 관련 있는 세포입니다.

우리 강아지, 비만세포종일까요?

비만세포종은 강아지에서 발생하는 가장 흔한 피부 종양 중 하나이며 다양한 형태로 다양한 위치에 관찰될 수 있습니다. 궤양처럼 보이기도 하는데 어떤 경우는 마치 지방종처럼 보일 수도 있습니다. 눈으로 봐서는 무슨 종양인지 정확히 알 수가 없기에 이를 구별하기 위한 검사가 필요합니다. 주로 피부에서 확인되는 형태는 다음과 같습니다

- **피부에 혹이 몇 달만에 커졌어요**
- **피부의 혹이 빨갛게 부어올랐어요**
- **피부가 벌레 물린 것처럼 부었어요**

비만세포종은 어린 반려견에서도 확인될 수 있지만 주로 평균 8살의 나이든 반려견에서 자주 확인됩니다. 특히 불독, 보스턴 테리어, 퍼그, 비글,

래브라도 리트리버, 골든 리트리버에서 자주 생깁니다.

비만세포종은 몸의 어느 부위에서든 발생할 수 있고 종종 여러 부위에서 동시에 확인되는 경우도 있습니다. 그중에서도 몸통, 그리고 항문과 생식기 사이 위치에 잘 발생합니다. 일부 비만세포종은 알러지 반응에 관여하는 히스타민을 분비해서 부종을 유발할 수 있습니다. 드물게 히스타민의 분비가 지속되면 소화기계 궤양을 유발할 수 있으며 식욕부진, 구토, 빈혈, 혈변 등이 확인될 수도 있습니다.

어떻게 치료하나요?

일반적으로 비만 세포종의 치료는 종양을 제거하는 수술이 필요하며 종양의 유형에 따라 항암치료도 함께 할 수 있습니다.

DOG SIGNAL 119

비만세포종은 반려견 피부 종양 중 가장 흔한 종양입니다. 검사 결과에 따라 경과는 다를 수 있지만 일반적으로 악성입니다. 종양은 조기 진단과 빠른 치료가 생명입니다. 반려견의 몸에 혹이 생기진 않았는지 항상 살펴보는 습관이 중요합니다.

혈관육종

혈관 내피세포의 악성종양

혈관육종은 혈관의 안쪽 벽을 구성하는 혈관내피세포에 발생한 악성종양입니다. 종양 안에 혈액이 가득 찬 형태로 발생하며 특히 비장에 많이 생깁니다. 비장 혈관육종의 1년 생존율은 10%가 되지 않을 정도로 매우 좋지 않은 무서운 종양입니다. 혈관육종은 비장과 간에서 가장 빈번하게 발생하며 우심방, 피부 혹은 피하에서도 생길 수 있습니다.

우리 강아지, 혈관육종일까요?

혈관육종은 악성종양입니다. 대개 중년령이나 노령에서 발생합니다. 나타나는 증상은 종양의 발생 위치에 따라서 차이가 있습니다. 다음은 혈관육종에서 일반적으로 나타날 수 있는 증상입니다.

- **아파 보이고 기운이 없어요**
- **특별한 증상은 없는데 배가 빵빵해졌어요**
- **갑자기 컨디션이 저하되었어요**
- **입안 점막이 창백해요**

특히 피부에 발생한 혈관육종을 제외하곤 급격한 기력저하가 주요증상입니다. 이러한 증상은 12~36시간 내에 일시적으로 회복되어 보일 수 있습니다. 증상이 비특이적이기에 동물병원에 데려가 검사를 받는 것이 필요합니다. 피부에 생긴 혈관육종은 안에 혈액이 차 있는 혹처럼 보이는 것이 특징입니다. 겉으로 보기엔 물컹한 혹처럼 보일 수 있으므로 동물병원에서 진단과 치료를 받는 것이 필요합니다.

어떻게 치료하나요?

가능하다면 수술하는 것이 주요 치료방법입니다. 항암치료가 가능한 컨디션인 경우 항암치료를 병행하는 것이 기대수명을 연장하는 데 도움이 됩니다.

혈관육종이 생긴 비장을 떼어내는 수술을 진행한 경우 기대되는 평균 수명은 19~86일로 보고되어 있습니다. 수술과 함께 항암치료를 진행하는 경우 기대수명은 대략 91~179일이며 항암치료 약물에 따라 보고된 기대수명에 차이가 있습니다. 1년 동안 생존하는 경우는 10%가 되지 않습니다.

DOG SIGNAL 119

혈관육종은 경과가 매우 안 좋은 악성종양입니다. 굉장히 심각한 질환이지만 갑자기 기운이 없어 보이는 정도가 주요증상입니다. 이런 사소한 시그널들이 아프다는 신호일 수 있으니 놓치지 말아주세요.

림프종

림프절이 커졌어요

림프절은 백혈구가 모이는 곳으로 병원균이 몸에 들어오면 림프절에서 집중 공격을 받게 됩니다. 림프절은 몸 곳곳에 위치하면서 반려견을 건강하게 지켜줍니다. 림프종은 이러한 림프절에 주로 발생하는 종양입니다.

우리 강아지, 림프종일까요?

- 림프절이 부었어요
- 림프절이 커졌어요
- 몸에 혹이 생겼어요
- 밥을 잘 안 먹어요
- 피곤해 보여요
- 기운이 없어요
- 살이 빠져요
- 배가 빵빵해졌어요

별다른 증상 없이 림프절만 커진 경우도 있지만 밥을 잘 안 먹는 등 반려견이 아플 때 흔히 보이는 증상을 보이기도 합니다. 발생 위치에 따라 증상이 조금씩 달라지기도 하는데, 예로 소화기계에 발생하면 구토와 설사를 하며 복강에 액체가 차는 복수가 생길 수 있습니다. 눈에 발생하면 눈이 충혈되며, 피부에 발생하면 피부병처럼 붉게 염증이 생겨나기도 합니다. 림프종은 증상이 있는지 없는지에 따라서 상세 분류하기도 하며 겉으로 보기에는 별다른 이상이 없는데 림프종인 경우도 있으니 주기적인 건강검진이 중요합니다. 일반적으로 증상이 있을 경우 경과가 안 좋습니다.

림프절이 커졌는지 어떻게 아나요?

• 림프절이 만져지는 위치 •

림프종의 종류에 따라서 겉으로 보기엔 아무런 이상이 없고 림프절도 커지지 않는 경우도 있습니다. 그러나 반려견에서 가장 흔한 림프종은 몸의 표면 림프절이 커지는 특징을 갖고 있습니다. 림프절의 위치를 기억해두고 목욕을 시킬 때, 혹시 커지지는 않았는지 한 번씩 만져보는 것도 좋은 습관입니다. 건강할 때 반려견의 림프절의 크기를 익힐 수 있고 이상이 생겼을 때 빨리 치료를 받을 수 있기 때문입니다.

겉으로 만져지는 림프절은 5곳이 있습니다.

아랫턱의 아래 부위, 목과 가슴 중간 부위, 겨드랑이, 무릎관절 뒷쪽인 오금, 아랫배의 뒷다리 사이 부위 양쪽에 림프절이 각각 있어 총 10개의 림프절이 만져질 수 있습니다. 건강할 때에는 크기가 작아서 잘 만져지지 않거나 좁쌀처럼 작은 크기로 만져집니다. 그러나 몸이 아프거나 림프종에 걸리면 림프절의 크기가 커지면서 더 잘 만져집니다. 림프절이 평소보다 커져 있다면 진료를 받아야 합니다. 림프절인지 긴가민가한 위치에 혹이 있다면 꼭 동물병원에서 정확한 평가를 받도록 합니다. 보호자는 림프절이라고 생각했는데 아닐 수도 있고 림프절이 아니라고 생각했는데 맞는 경우도 있기 때문입니다.

어떻게 치료하나요?

반려견이 림프종에 걸렸다면 항암치료가 필요합니다. 항암치료를 받지 않은 경우 평균 생존기간이 4~8주 정도이고, 항암치료를 받은 경우 12~16개월 정도 생존한다는 보고가 있습니다. 물론 이는 평균적인 기대수명이므로 반려견의 건강 상태와 항암치료 종류에 따라서 기대수명에 차이가 있을 수 있습니다. 항암치료를 받을 때에는 항암치료 일정에 따라서 주기적으로 동물병원에 가서 검사와 치료를 받아야 합니다. 또한 항암치료의 부작용으로 구토, 피가 섞인 대변, 면역력 저하 등을 보일 수 있으니 이상증상이 있는지 주의해서 살펴야 합니다. 치료 완료 이후에도 재발이 되는 경우가 많으므로 림프절의 크기를 평소에 잘 살펴보도록 합니다.

DOG SIGNAL 119

림프종은 림프절에 생기는 종양으로 주로 림프절이 커지는 것이 특징입니다. 겉으로 만져지는 림프절들이 있으니 자주 만져보면서 평소 건강할 때 크기를 익히고 크기가 커졌다면 동물병원에 가서 검진을 받아보는 것이 좋습니다. 림프종에 걸리면 항암치료가 필요합니다. 항암치료가 성공적으로 종료된 이후에도 재발할 수 있으므로 림프절 크기 변화를 종종 살펴보도록 합니다.

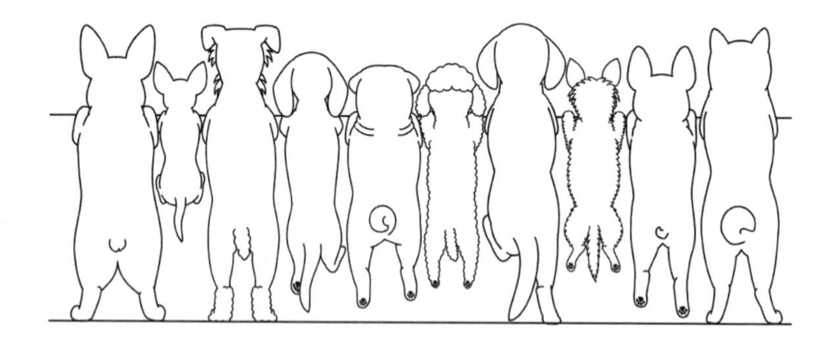

CHAPTER 14
행동학

반려견 교육 개론

일관된 방식으로 가르치기

동물행동학 분야에서 정석으로 불리는 네 가지 행동 교육 방식이 있습니다. 바로 긍정강화, 부정강화, 긍정처벌, 부정처벌입니다. 영어를 번역한 용어이다보니 우리 말에선 약간 어색한데요. 여기에서 긍정이라는 것은 '좋다'가 아니라 주다(+)입니다. 반대로 부정의 의미는 '나쁘다'는 의미가 아니라 없애다(-)입니다. 강화의 경우에는 행동을 유도하는 것이고, 처벌의 경우에는 혼을 내어 행동을 멈추는 것입니다.

1) 긍정강화

: 행동을 한 뒤에 좋아하는 것을 줌으로써 그 행동을 유도하기

사례 1) 배변을 올바른 자리에 했을 때 좋아하는 장난감 주기

사례 2) 손을 주었을 때 간식 주기

2) 부정강화

: 행동을 한 뒤에 싫어하는 것을 없앰으로써 그 행동을 유도하기

사례 1) 배변을 올바른 자리에 했을 때 울타리 치우기

3) 긍정처벌

: 행동을 한 뒤에 싫어하는 것을 줌으로써 그 행동을 멈추기

사례 1) 배변을 잘못했을 때 혼내기

사례 2) 시끄럽게 짖을 때 혼내기

사실 많은 분들이 이 긍정처벌 방법을 씁니다. 이 방법이 효과를 발휘하려면 다음의 3가지 조건을 만족해야 합니다.

1) 같은 강도

같은 강도로 혼을 내야 효과가 있습니다. 하지만 감정을 제어하고 같은 강도로 반려견을 혼내는 것은 어렵습니다.

2) 일관성

반려견이 실수하여 한번 혼을 냈다면 같은 실수에는 항상 혼을 내야 합니다. 가족구성원이 모두 일관된 태도를 가져야 한다는 뜻입니다.

3) 1초 이내

잘못된 행동을 했을 때 1초 이내에 바로 혼내야 합니다. 그렇지 않으면 반려견은 왜 자신을 혼내는지 이해하지 못하고 심한 경우 보호자에 대한 두려움을 갖게 될 수도 있습니다.

4) 부정처벌

: 행동을 한 뒤에 좋아하는 것을 없앰으로써 그 행동을 멈추기

사례 1) 배변을 잘못했을 때 간식 안 주기

사례 2) 시끄럽게 짖을 때 좋아하는 장난감 뺏기

최근에는 긍정강화와 부정처벌 방법만을 사용할 것을 추천합니다. 부정강화와 긍정처벌은 반려견을 공격적으로 만들거나 반려견이 보호자를 회피하게 만들 수 있습니다.

	긍정(주다)	부정(없애다)
강화(행동유도)	•배변 잘하면 장난감 주기 •손을 주었을 때 간식 주기	•배변을 잘 했을 때 울타리 치우기
처벌(행동 멈추기)	•배변을 잘못했을 때 혼내기 •시끄럽게 짖을 때 혼내기	•배변을 잘못했을 때 간식 안 주기 •시끄럽게 짖으면 장난감 뺏기

DOG SIGNAL 119

반려견을 훈련할 때, 무작정 간식을 주거나 혼을 내면서 가르치지 말고, 올바른 행동을 하면 좋아하는 것을 주고(긍정강화) 부적절한 행동을 하면 좋아하는 것을 없앰(부정처벌)을 이용하는 것이 더 효과적입니다.

클리커 훈련

반려견 교육 꿀팁

반려견 교육은 꾸준함이 중요합니다. 어느 날 하루 1시간을 투자하는 것보다 6일 동안 10분씩 투자하는 교육이 더 효과적입니다. 하루에 짧은 시간만 투자하여 성공하는 클리커 훈련을 알아보겠습니다.

모든 행동 교육이 가능해요!

- '손', '앉아', '엎드려'
- 배변 훈련
- 분리불안
- 무는 경우
- 너무 짖는 경우

※ 준비물 : 클리커, 간식

클리커

클리커는 클릭하면 딱 소리를 내주는 도구입니다. 일정한 소리가 나기 때문에 반려견과 의사소통에 유용합니다. 말을 하면 그때 그때 톤이나 성량 등이 바뀔 수 있는데 클리커는 소리가 균일하기에 반려견이 알아 듣기 수월합니다.

간식

반려견이 훈련에 잘 따라왔을 때 보상해줄 수 있는 가벼운 간식을 준비합니다. 주먹 안에 넣을 수 있는 정도면 충분합니다. 간식이 없다면 사료도 괜찮습니다.

클리커에 익숙해지기

클리커의 딱소리는 '잘했어!'라는 칭찬입니다. 처음에는 이 딱소리에 적응시켜야 합니다. 청각이 예민한 반려견은 딱소리를 무서워할 수도 있습니다. 이런 경우에는 클리커를 주머니에 넣고 누르거나 손수건으로 감싸서 소리를 조금 줄여서 사용합니다. 무서워하지 않는다면 클리커가 칭찬이라는 것을 알려줍니다.

① 한 손에는 간식을 다른 한 손에는 클리커를 잡습니다. 강아지가 간식 냄새를 맡고 발질하거나 물거나 짖어도 주지 않습니다. 포기할 때까지 기다립니다.
② 클리커를 눌렀을 때 반려견이 주의를 집중하면서 얌전히 잘 기다렸다면 클릭하고 바로 손을 펴고 간식을 줍니다.
③ 몇 분 뒤 앞의 과정을 반복합니다.

본격 훈련

이제 반려견이 클리커의 소리를 이해했다면 보호자가 원하는 훈련을 시작합니다.

① 내가 원하는 행동을 했을 때 한 번 클리커를 눌러줍니다. 마치 반려견의 행동을 보고 카메라 셔터를 누르는 것처럼 눌러주면 됩니다.

② 클리커를 누를 때 바로 간식을 줍니다. 간식을 바로 주지 않으면 반려견은 클리커의 의미를 잊게 됩니다.

③ 너무 욕심내지 말고 하나의 행동에 집중합니다. 아니면 이것 저것 섞여서 반려견이 혼란스러워합니다. 적어도 하나의 행동을 10번씩 일관되게 연습합니다.

④ 동물들은 어린 아기와 같아서 집중력이 길지 않습니다. 그러므로 클리커 훈련을 너무 길지 않게 하고(15분 이하) 쉬는 시간을 가집니다.

추가 팁

- 클리커를 관심을 끌기 위해 쓰지 않도록 합니다. 의미 없이 계속 누르는 경우 클리커는 의미를 잃고 훈련이 어려워집니다.
- 반려견이 짖기, 앉기와 같이 쉽게 하는 행동이 있는가 하면 엎드리와 같은 행동은 하기 어렵습니다. 이런 경우에는 유도하는 방법을 쓸 수 있습니다. 간식의 냄새를 맡도록 한 후에 손을 바닥 가까이로 내려 고개가 따라오고 엎드릴 수 있게 합니다.
- 원하는 단어 외의 다른 말로 혼란을 주지 않습니다. 예를 들어, '앉아'를 가르치려 한다면 "그게 아니야" 같은 단어를 섞어 쓰지 않아야 합니다.

DOG SIGNAL 119

좋은 훈련이란 짧은 시간이라도 꾸준히 훈련하는 것입니다. 클리커 훈련은 클리커라는 도구를 이용해 칭찬해주는 훈련법입니다. 클리커를 의미 없이 쓰면 안 되며 클리커와 간식이라는 연결고리가 끊기지 않도록 원하는 행동을 했을 때 바로 간식으로 보상해주어야 합니다.

무는 행동

사람을 물려고 해요

무는 것 자체는 자연스러운 행동입니다. 장난감을 물어 당기거나, 먹을 것을 물어 뜯는 것은 반려견의 스트레스를 해소해줍니다. 하지만 무는 행동을 사람이나 다른 동물에게 한다면 자칫 큰 사고로 이어질 수 있기 때문에 충분한 예절 교육을 시켜주어야 합니다.

우리 강아지가 왜 무는 거죠?

반려견이 무는 요인은 다양합니다. 사람은 놀라면 보통 소리를 지르지만 강아지의 경우는 놀람의 표현으로 물 수 있습니다. 특히 이런 상황은 아이들이 무심코 자는 강아지를 건드리거나 먹이를 억지로 뺏으려다가 발생하기 쉽습니다. 반려견의 먹이나 장난감을 뺏어야 하는 상황이라면, 반려견이 좋아하는 간식을 조금 주면서 장난감과 간식을 교환하는 방식으로 뺏는 것이 좋습니다.

두려움을 느꼈을 때 자기 방어로 무는 경우도 많습니다. 피할 수 있다면 두려움을 느낄 만한 상황을 만들지 않는 것이 좋습니다. 두려움을 느끼는 대상을 파악했다면 천천히 시간을 가지고 적응교육을 하는 것이 좋습니다. 다른 강아지를 무서워한다면, 처음에는 멀리서 다른 강아지를 볼 수 있게 해주고 간식 등을 주어 좋은 기억을 심어줍니다. 반려견이 허용하는 범위 내에서 시간을 갖고 조금씩 거리를 좁혀 나갑니다.

반려견이 새끼 강아지라면 이갈이 시기에 무는 행동이 증가할 수 있습니다. 생후 8주에 이가 날 때, 유치가 빠지면서 영구치가 날 때 이빨이 가려워져서 물 수 있습니다.

또는 보호자와 놀고 싶어서, 자기 공간을 지키기 위해서, 공격성으로 무는 경우도 있습니다.

어떻게 대처할까요?

소리를 지르며 호되게 혼내는 것은 절대 좋은 방법이 아닙니다. 오히려 반려견과 보호자 사이가 나빠질 수 있습니다. 혼을 내는 것은 반려견 교육개론에서 살펴본 긍정처벌에 해당하는 방법입니다. 가급적이면 부정처벌을 적용하는 것이 좋습니다. 예를 들어, 반려견이 물었을 때는 반응하지 말고 그 자리를 떠나는 것이 좋습니다. 이를 통해 물면 놀아주지 않는다는 것을 반려견에게 가르쳐줍니다.

반려견이 무는 것을 방지하기 위한 10가지 수칙!

1. 입양하기 전 신중히 고려하고 충분히 준비해야 합니다.

즉흥적으로 강아지를 입양받는 것은 좋지 않습니다. 키울 준비를 충분히 한 뒤에 입양을 하는 것이 필요합니다. 책이나 강의, 상담 등을 통하여 입양 전에 강아지에 대해 알아보고, 함께 사는 사람들이 있다면 완전한 동의를 얻은 후 입양 받습니다. 이미 입양한 후라면 강아지의 특성을 잘 파악합니다.

2. 사회화 교육은 선택이 아닌 필수!

사회화 교육은 행동 문제를 일으킬 가능성을 낮춰줍니다. 생후 12~16주까지가 사회화 교육을 하기에 가장 좋은 시기로 이 시기에 다른 사람들과 강아지들을 많이 만난 반려견은 좀 더 친화적인 성격으로 자랄 가능성이 높습니다. 다른 강아지들과 놀면서 물면 다른 강아지가 싫어하거나 아파한다는 걸 자연스럽게 알게 되고 무는 세기도 조절할 줄 알게 됩니다. 또한 '기다려' '앉아' '안 돼' '이리 와' 등의 명령어들을 교육시키는 것도 도움이 됩니다. 강아지가 명령어에 대한 학습이 잘 되어 있다면 문제 상황에서 반려견에게 원치 않는 행동 대신에 원하는 행동을 하게끔 유도할 수 있기 때문입니다.

3. 손으로 장난 치지 않기

반려견과 장난을 치거나 놀아줄 때 손으로 놀아주는 것은 좋지 않습니다. 손으로 놀아주다 보면 손을 장난감으로 여겨서 물어도 되는 것으로 착각할 수 있습니다. 또한 손으로 혼내는 시늉을 하는 것도 자제하는 것이 좋습니다. 눈 앞에서 손을 펄럭이며 움직이면 강아지에겐 손이 재미있는 장난감으로 비춰질 수도 있습니다.

4. 반려견이 스트레스받는 상황을 피하기

반려견이 두려움을 느끼거나 스트레스를 받을 수 있는 상황을 피하는 것이 좋습니다. 공포감을 느끼는 대상을 강제적으로 마주하게 하면 스트레스로 본능적으로 무는 행동을 보일 수 있습니다.

5. 적절한 운동 시키기

규칙적인 운동은 신체적 건강을 위해서뿐만 아니라 정신적 건강을 위해서도 필요합니다.

6. 놀이 시간은 중요, 하지만 과도한 흥분은 금물!

레슬링과 같이 격한 운동은 강아지를 흥분하게 만들며, 무는 행동을 할 가능성을 높입니다. 강아지가 위협받거나 괴롭힘을 받는다는 생각이 들지 않도록 합니다.

7. 외출할 때는 리드줄 쓰기

목줄이나 가슴줄은 반려견을 지켜주는 최소한의 안전 장치입니다. 안전벨트라고 생각하고 밖에 나갈 때는 반드시 리드줄을 착용합니다. 리드줄을 하고 있다면 예상하지 못한 상황이 닥쳤을 때 사고로부터 나와 반려견 그리고 타인을 지킬 수 있습니다.

8. 적절한 영양을 갖춘 식단 짜기

영양 결핍의 경우에 사람처럼 강아지도 예민해지거나 공격적으로 변할 수 있습니다.

9. 중성화 수술하기

수컷은 상시 발정기입니다. 욕구를 적절하게 풀어주지 못한다면 이 욕구가 공격성으로 변할 수 있습니다.

10. 아이들이 있다면, 반려견 대하는 법을 알려주세요

아무리 착한 반려견이라도 놀라면 물 수 있습니다. 아이에게 자는 반려견 건드리지 말기, 밥을 먹을 때 건드리지 말기와 같은 기본적인 매너를 알려줍니다.

DOG SIGNAL 119

무는 것은 강아지의 기본적인 본능 중의 하나 입니다. 사람에게 피해를 주지 않도록 예절 교육을 꾸준히 해주면서 과도하게 흥분하는 상황을 만들지 않도록 합니다. 대신 적절한 산책과 강아지가 좋아하는 장난감을 이용하여 강아지의 물고자 하는 욕구를 건전하게 해소해줍니다.

짖기 훈련

강아지가 너무 짖어요

사람은 언어로 소통하고, 강아지들은 짖는 것으로 소통합니다. 짖는 것은 곧 반려견이 하는 말입니다. 반려견이 짖는 것은 정상적이고 본능적인 행동입니다. 보호자와 소통하려는 수단인 거죠. 하지만 부적절한 상황에서 계속해서 끊임없이 짖는다면 멈출 수 있도록 평소에 가르쳐야 합니다. 반려견이 왜 자꾸 짖는지 알아낸다면 문제를 해결할 수 있습니다.

보호자가 하지 말아야 할 행동

반려견에게 소리를 지르지 마세요

보호자가 조용하라고 소리지르는 모습은, 반려견에게는 함께 소리지르기 놀이를 하자는 것처럼 보일 수 있습니다.

훈련은 일관되게 하세요

가족 모두가 함께 반려견이 부적절하게 짖었을 때 같은 방식으로 훈련을 해야 합니다. 때에 따라 다르게 하면 반려견은 혼란스럽습니다.

강압적으로 하지 마세요

반려견은 절대로 보호자를 무시하거나 서열이 낮다고 생각해서 짖는 것이 아닙니다.

왜 짖는 것일까요?

영역 지키기

낯선 사람이나 다른 동물이 자신의 영역으로 생각하는 곳으로 들어왔을 때 침입이라 여기고 격렬하게 짖습니다. 이때 반려견은 예민해 보이기도 하며, 평소와는 달리 공격적으로 보이기도 합니다.

놀람, 공포

소음이나 무언가에 놀랐을 때 짖습니다. 집이 아니더라도 외출 중에도 어디에서나 일어날 수 있습니다.

지루함, 외로움

마당이나 집 어디든 장기간 반려견 혼자 있을 때 지루함을 느끼거나 슬픔을 느껴서 짖을 수 있습니다.

반김, 놀이

낯선 사람이나 다른 동물을 반길 때 짖습니다. 이때는 즐거움을 표현하는 짖음이므로, 꼬리를 흔들거나 점프도 같이 합니다.

관심 표현

반려견 자신이 산책을 하고 싶다거나, 놀기를 원하거나, 간식을 원하는 상황에서 짖습니다.

분리불안, 강박적 짖음

집에 홀로 남아 분리불안을 겪을 때 짖습니다. 무언가를 부수는 등 파괴적인 행동을 하거나 우울감도 함께 보입니다. 제자리를 돌거나 철창을 따라 맴도는 반복행동을 합니다.

어떻게 하면 덜 짖게 할 수 있나요?

반려견이 짖지 않게 하는 방법들이 몇 가지 있습니다. 무엇보다 반려견이 짖는 이유를 먼저 파악해야 합니다.

짖게 만드는 원인을 없애기

만약 반려견이 짖는 것에 대하여 관심을 받는 등의 보상을 받는다면 계속 짖을 겁니다. 무엇이 반려견을 계속 짖게 하는지 유심히 살펴보고 그 요인을 없앱니다.

사례) 창문을 통해서 지나가는 행인을 보고 짖는다면, 커튼을 치거나 반려견을 다른 방에 둡니다.

익숙하게 하기

반려견을 짖게 하는 무언가를 반려견에게 익숙하도록 만듭니다. 무엇에 대해 짖지 않을 만큼 충분한 거리를 둔 뒤에 점차 가깝게 무엇을 가져갑니다. 가까이 가면서 짖지 않는다면 칭찬과 함께 간식을 줍니다. 무엇이 시야에서 사라졌을 때는 간식도 더 이상 주지 않습니다. 이를 통해서 무엇이라는 것이 경계할 대상이 아니라 좋은 것임을 인식시킵니다.

충분히 운동시키기

반려견에게 심적으로 신체적으로 충분한 자극을 줍니다. 긍정적으로 에너지를 모두 쓴 반려견이 건강합니다. 건강한 반려견은 지루함을 느끼더라도 짖을 확률이 낮습니다.

'쉿' 가르치기

이상하게 들릴 수도 있지만, 반려견에게 '조용히'를 가르치려면 '짖어'를 먼저 가르쳐야 합니다. '짖어'를 가르치는 방법은 간단합니다. '짖어'라고 말한 뒤 짖으면 간식을 줍니다. '짖어'라고 한 뒤에 바로 짖을 수 있을 때까지 계속해서 반복합니다.

'짖어'를 제대로 익혔다면 이제 '쉿'을 가르칩니다. 조용하고 안정된 곳에서 '짖어'를 한 뒤에 '쉿'을 말합니다. 그 뒤에 짖기를 멈추면 간식을 줍니다. '짖어'와 '쉿'을 같이 가르칩니다.

무시하기

반려견이 짖는 것을 멈출 때까지 무시합니다. 보호자의 관심은 반려견에게 보상입니다. 짖을 때는 대화하지도, 만지지도, 아예 쳐다보지도 않습니다. 조용해지면 그때서야 관심을 가지고 간식을 줍니다.

이 방법을 쓸 때 주의해야 할 것은 한 번 시작하면 계속 기다려야 한다는 것입니다. 참다 못해 도중에 소리를 질러버리면 다음 번에 짖는 것은 더 길어질 수 있습니다. 짖으면 관심을 받을 수 없다는 것을 반려견에게 분명히 알려줘야 합니다.

동시에 할 수 없는 행동 시키기

반려견이 짖기 시작하면 짖는 것과 동시에 할 수 없는 행동을 시킵니다. 예를 들어 '누워'를 하면서 짖기는 어렵습니다.

사례) 손님이 방문할 때 짖는다면 반려견의 집에 들어가 있도록 '집'을 명령어로 가르쳐줍니다. 누군가가 찾아오더라도 문으로 뛰어가지 않고 안정적으로 있는 반려견은 교육이 잘된 반려견입니다. 손님이 오면 반려견의 집에 먹이를 던져주어 자기 자리를 지키도록 교육합니다. 손님이 왔을 때 반려견이 자기 집을 벗어난다면 다시 교육합니다.

DOG SIGNAL 119

짖는 원인이, 놀라서인지 무서워서인지, 아니면 관심을 끌기 위한 것이었는지 구체적으로 확인합니다. 그리고 짖는 원인이 되는 것을 없애주거나 익숙하게 하고 무시하거나 '쉿'을 가르치는 교육을 통하여 해결합니다.

화장실 훈련

행복의 첫걸음

화장실 훈련은 반려견과 함께 살고자 결정했을 때 가장 먼저 직면하게 되는 문제입니다. 올바른 교육을 통해 우리가 원하는 곳에 배변 배뇨하도록 훈련시킬 수 있습니다.

화장실 관련 문제 행동의 원인

반려견이 배변 배뇨를 정해진 곳에 할 수 있도록 하려면 인내심을 가지고 훈련해야 합니다. 하지만 훈련과 상관 없이 엉뚱한 곳에 일을 보는 경우가 있습니다. 이는 심리적 혹은 신체적 문제입니다.

- 신체적 문제로는, 예를 들어 요실금이 있습니다. 노령견에서 주로 나타나는 요실금은 본인의 의지와 무관하게 오줌이 새어나오는 질병입니다.
- 과도한 흥분을 하는 경우에도 오줌을 눌 수 있습니다. 이는 분리불안의 한 증상으로 이해할 수 있습니다.
- 반려견의 본능 중 하나로 오줌을 통해서 자신의 영역 표시를 하는 마킹이 있습니다.
- 불안과 스트레스 같은 불안정한 심리로 배변을 할 수 있습니다.
- 보호자의 관심을 얻기 위해 일부러 다른 곳에 배변 배뇨를 하는 경우도 있습니다.

주의할 부분

화장실 훈련은 반려견이 어릴 때 하는 것이 좋으며 나이가 들수록 화장실 문제를 해결하기 위해선 더 많은 노력이 필요합니다. 그리고 배변패드도 깨끗이 관리를 해주어야 합니다. 사람도 공공 화장실이 너무 더러우면 가기 싫듯이 반려견도 더러운 장소에서는 배변 배뇨를 꺼립니다. 냄새를 맡고 일을 보게 하기 위해 일부러 오줌과 변을 치우지 않고 놔두는 경우가 있는데 이는 위생적으로도 좋지 못한 방법입니다.

화장실 훈련 방법

다음에 소개하는 여러 가지 방법 중에서 보호자와 반려견에게 맞는 방법을 찾아서 훈련해보면 됩니다.

배변판 준비

1) 공간 분리하기

배변판을 둘러싸듯 철장을 세워 벽을 만들고, 공간을 분리합니다. 배변 배뇨 신호를 보이거나 화장실 갈 시간이 되면 배변 공간에 반려견이 들어가게 합니다. 시간이 지나며 적응을 하면 철장을 하나씩 치워 줍니다.

2) 넓은 공간 만들기

처음에는 배변판이 익숙하지 않으므로 배변판을 넓게 깔고 시간이 지나며 적응을 하면 그 수를 줄여 나갑니다.

중성화하지 않은 수컷을 위해

중성화하지 않은 수컷은 뒷다리를 들고 오줌을 싸서 배변판에 정확하게 싸지 못하는 경우가 많습니다. 이때 페트병을 배변판 중앙에 놔두면 오줌이 페트병을 따라 배변판에 잘 떨어질 수 있습니다.

화장실로 유도

반려견이 화장실 신호를 보낼 때 직접 반려견을 배변판으로 이동시키거나, 먹이나 간식으로 유혹하여 배변판에 가도록 유도합니다. 반려견의 화장실 신호는 다음과 같습니다.

- 바닥 냄새 맡기
- 제자리 맴돌기
- 구석진 곳 찾기
- 엉거주춤한 자세
- 갈팡질팡하는 행동

혹시나 배변패드를 물어뜯고 장난감으로 인식한다면,

① 이 경우에는 패드를 쓰지 않습니다.

② 패드 대신 집 화장실을 이용합니다.

③ 집의 화장실에서 배변을 잘했다면 간식을 주고 칭찬해줍니다.

우리 강아지는 외출할 때만 배변 배뇨를 해요

야외에서 배변 배뇨를 하는 동안에 '쉬'와 같은 음성신호를 익숙하게 합니다. '쉬'라는 소리를 들었을 때 오줌을 누면 된다는 생각을 갖게 해주는 것입니다. 충분히 익숙해졌다면 집에서도 '쉬' 소리를 활용해봅니다. 반려견이 배변패드에서 주저하고 있을 때 '쉬' 소리를 내어 패드 위에서 배변 배뇨를 하도록 합니다. 그리고 실제로 배변 배뇨를 했다면 간식을 주고 칭찬해 줍니다.

화 내지 않기

반려견이 배변 배뇨 실수를 했을 때, 푸념이나 넋두리도 하지 말고, 조용히 청소해주세요. 올바른 곳에 잘한 경우에는 칭찬해주고 간식을 주고 놀아줍니다. 특히 시간이 지난 다음에는 야단을 치면 안 됩니다. 보호자가 야단치는 이유는 화장실 실수 때문이지만, 자신이 왜 혼나는지를 전혀 모를 수 있으며, 반려견은 이를 배설이라는 행동 자체 때문에 혼난다고 여겨, 배설 후에 배설물을 먹어 숨기는 행동(식분증)을 할 수도 있습니다.

꾸준한 관리

배설하는 시간을 예측하여 배변판으로 유도합니다. 또한 그날의 성공과 실패를 잘 기록해두는 것도 도움이 됩니다.

DOG SIGNAL 119

화장실 훈련은 보호자의 많은 관심이 필요합니다. 사람도 아기가 혼자서 화장실에 가려면 3년은 걸립니다. 반려견 역시 처음부터 혼자 화장실을 가리지 못합니다. 보호자가 반려견을 잘 이끌어줄 때 화장실 훈련은 성공적으로 이루어질 수 있습니다.

식분증

우리 강아지가 똥을 먹어요

강아지가 자신의 대변을 먹는 경우 이를 식분증이라고 합니다. 원인을 알기 위해 변을 먹을 때 하는 다른 행동이나 주변 환경을 살펴봅시다.

반려견이 변을 먹는 이유

- 사료나 밥이 부족할 때
- 소화기계 문제로 인한 영양부족 질환(기생충 등)

먹이의 양이 부족해서 변까지 먹는 것일 수 있습니다. 충분히 많이 먹더라도 기생충 등의 다른 병이 있다면 영양부족으로 변을 먹는 걸 수도 있습니다. 이런 경우 수의사와 상담이 필요합니다.

그 밖에 다른 원인

정상적인 부모 개의 행동

어미개의 경우에는 새끼의 청결을 위하여 변을 먹습니다. 새끼가 자라기 이전까지 새끼 강아지의 변을 먹는 것은 문제가 되는 행동이 아닙니다.

행동학적 이유

- 다른 강아지의 행동을 따라 하는 경우
- 변을 놀이도구로 생각하는 경우

특정 사료나 음식으로 변에서 자극적인 냄새가 나, 변에 흥미를 느껴 먹는 것일 수도 있습니다. 산책을 원활하게 시켜주지 않아 지루함을 느끼는 반려견에게는 변이 일종의 장난감으로 보일 수도 있습니다. 만지기도 해보고 냄새도 맡고 먹습니다.

배변 훈련 과정에서 오해
변을 잘못된 장소에 누었다고 보호자가 혼내는 것을, 반려견 입장에서는 보호자가 변을 보는 것 자체를 싫어한다고 오해할 수 있습니다. 보호자가 혼낼까봐 빨리 자신의 변을 먹어치우는 경우도 있습니다.

어떻게 해결할까요?

① 영양학적으로 문제가 있다면 영양보충을 합니다.
② 일단 식분증의 기본 치료법은 변을 바로 치우는 것입니다. 강아지가 변을 먹을 기회를 주지 않습니다.
③ 배변훈련을 제대로 시켜서 한 장소에만 변을 보도록 하고 생활공간과 배변공간을 분리합니다.
④ 충분한 산책을 통해 에너지를 좋은 곳으로 쓸 수 있도록 합니다. 넘치는 에너지를 풀지 못하면 식분증, 집 안 어지럽히기 등 안 좋은 방향으로 에너지를 씁니다.

⑤ 강아지가 지루함에 변을 장난감으로 생각하지 않도록 다른 장난감을 줍니다.

강한 향, 맛의 액체를 변에 뿌리는 것은 반려견에게 스트레스를 줄 수 있습니다. 또한 변의 냄새를 강제로 맡게 하거나 회초리를 들어서도 안 됩니다. 이 경우 오히려 보호자를 겁내어 공포감과 반감을 보이고 공격성을 나타낼 수 있습니다. 보호자가 직접 훈련할 자신이 없다면 애견유치원 또는 교육 프로그램을 이용하는 것도 방법입니다.

DOG SIGNAL 119

변을 먹는다면 반려견의 행동을 살피고 수의사와의 상담을 통해 원인을 찾는 것이 필요합니다. 산책으로 에너지를 적절하게 해소시켜주고 변을 제때 잘 치워준다면 반려견도 변과 자연스럽게 멀어질 것입니다.

분리불안

건강하게 사랑하기

분리불안은 강아지가 가족과 분리되었을 때 극도의 불안감을 보이는 질병입니다. 분리불안을 겪고 있는 강아지의 행동을 보고 강아지가 나를 너무 좋아한다고만 생각하면 안 됩니다. 좋아하는 것도 과도하면 문제행동을 일으키는 원인이 될 수 있습니다.

우리 강아지, 분리불안일까요?

분리불안 증상은 다음과 같이 다양합니다.

- 과도하게 짖기, 으르렁거리기
- 파괴적인 행동(가구 물어뜯기, 집 안 엉망으로 만들기)
- 배변 혹은 배뇨
- 가출
- 자해(손과 발을 물어뜯거나 과하게 핥음)
- 설사나 구토
- 보호자를 과도하게 반김
- 관심을 끌기 위한 과도한 행동(변을 먹음, 꼬리 쫓기)

왜 우리 강아지가 분리불안을 겪죠?

반려견을 여러 마리 키우고 똑같이 대해주더라도 일부만 분리불안을 겪을 수 있습니다.

보호자와 떨어졌다는 사실에 대한 불안감

항상 나를 사랑해주는 사람이 눈 앞에 보이지 않아 불안한 것입니다.

훈련 불충분

의사소통을 할 수 없는 반려견에게 '잠시 동안 외출하고 돌아온다'는 것을 교육하지 않았다면 반려견은 보호자의 '외출'을 모두 '사라짐'으로 여기고 불안해합니다.

다른 질병의 증상과 유사해요

분리불안 증상은 다른 의학적 증상이나 행동학적 질병들과 혼동하기 쉽습니다.

- 요실금
- 공포 혹은 흥분으로 인한 배뇨
- 이사 후 부적응
- 영역 표시
- 낯선 사람 등 주변의 새로운 환경으로 인한 짖음
- 지루함

특히 지루함의 경우에는 분리불안과 혼동하기 쉽습니다. 지루함의 경우에는 적절한 자극만 준다면 쉽게 극복 가능합니다. 대표적으로 알려진 장난감으로 콩*kong*이 있습니다. 콩은 안에 간식을 넣을 수 있어서 반려견의 흥미와 몰입을 유도하기 좋은 장난감입니다. 콩은 집에서도 물통에 구멍을 뚫어 만들 수 있습니다. 하지만 분리불안은 이러한 장난감을 주어도 나아지지 않을 수 있습니다.

• 콩(kong). 안에 간식을 넣을 수 있고, 말랑한 재질로 만들어진 반려견 장난감 •

끈기를 갖고 훈련하는 것이 최선

분리불안은 쉽게 해결할 수 있는 문제는 아닙니다. 끈기를 가지고 많은 시도를 하여 강아지에게 맞는 방법을 찾아야 합니다.

- 외출 전 약 20분간 반려견 무시하기
- 귀가 후 약 20분간 반려견 무시하기
- 집에 돌아와서 반려견이 안아달라고 조를 때 안아주지 않기
- 반려견이 포기하고 얌전해졌을 때 칭찬하고 보상하기

- 짧은 외출 반복하기
- 외출 준비 순서 바꾸기

차 키를 흔들거나 코트 입기, 불 끄는 것 때문에 강아지는 보호자가 외출한다는 것을 눈치채고 불안해합니다. 외출 직전에 하는 고정적인 습관을 바꿔봅니다.

전문가의 도움 받기

쉽게 개선이 되지 않는다면 수의사의 컨설팅이나 전문가가 함께하는 강아지 유치원 등을 이용하는 방법을 추천합니다.

DOG SIGNAL 119

분리불안의 치료는 보호자의 지속된 관심이 필요합니다. 한 두번의 시도로 포기하지 않고 문제에 계속 관심을 갖고 나부터 변화하자는 마음가짐이 치료에 도움이 됩니다.

도그 시그널

초판 1쇄 인쇄 2019년 5월 15일
1쇄 발행 2019년 5월 30일

지은이 김나연, 오다영, 김정민
발행인 정수동
발행처 저녁달
디자인 P.E.N.

출판등록 2017년 1월 17일 제406-2017-000009호
주소 경기도 파주시 책향기로 371, 607-903
전화 02-599-0625
팩스 02-6442-4625
이메일 moon5990625@gmail.com
인스타그램 @moon5990625
네이버포스트 https://post.naver.com/moon5990625
ISBN 979-11-89217-04-4 03490

이 도서의 국립중앙도서관 출판예정도서목록(CIP)은 서지정보유통지원시스템 홈페이지(http://seoji.nl.go.kr)와 국가자료종합목록시스템(http://www.nl.go.kr/kolisnet)에서 이용하실 수 있습니다. (CIP제어번호 : CIP2019014339)